Tier-Ratgeber

von Imre Kusztrich

Gegen das Vergessen in der Hunde-Demenz

•Vorbeugen
•Behandeln

phytamines.academy

Impressum:
Gegen das Vergessen in der Hunde-Demenz
•Vorbeugen •Behandeln

Vertrieb durch Nova MD Verlag
Die Buchreihe **phytamines.academy** erscheint im IGK-Verlag mit den Schwerpunkten Mikronährstoffe und Präventionsmedizin
www.IGK-Verlag.com
22393 Hamburg

ISBN: 9783936137729
Foto: Danny - fotolia.com, north100-Adobe Stock
Druck: SOWA Sp. z o.o., Warschau, www.sowadruk.pl

***

***

Haftungsausschluss. Die folgende Veröffentlichung dient ausschließlich Informations- und Lehrzwecken. Sie ist nicht als Ersatz für ärztlichen Rat oder medizinische Behandlung gedacht. Vor jeder gesundheitlichen Maßnahme sollte ein medizinischer Experte konsultiert werden. Die kombinierte Anwendung von Nahrungs-Ergänzung oder pflanzlichen Substanzen und verschriebenen Medikamenten ohne Zustimmung Ihrer Tierärztin oder Ihres Tierarztes wird nicht empfohlen. Der Autor, der Verlag, der Vertrieb und alle jene, die in dieser Veröffentlichung namentlich genannt werden, übernehmen keinerlei Haftung oder Verantwortung für Verluste oder Schäden, die durch die Informationen, die in dieser Veröffentlichung vermittelt werden, entstanden oder angeblich entstanden sind.

Inhalt

Vorwort

Sie lesen dieses Buch stellvertretend für Ihren Liebling. Während Frauchen und Herrchen durch das Auftreten dieser Krankheit enorme Belastungen erleben, darf eines nicht vergessen werden. Ihr vierbeiniges Wesen ist das wahre Opfer und Patient in erster Linie.

Während an Ihrer Zuneigung und Fürsorge kein Zweifel besteht, wohnt jedem Blick auf die Hundegesundheit mit unseren Augen eine Gefahr inne. Menschen sind nicht sehr begabt im Begreifen dessen, was die seriöse Wissenschaft über Ernährung weiß … und noch weniger vorbildlich in der Umsetzung ihrer Prinzipien. Während sie selbst wider besseres Wissen süchtig nach salzigen, süßen, fetten Zwischengerichten und Wellnessgetränken mit Geschmack sind, fällt es leicht, ihren Vierbeinern, die sich ihr Trockenfutter nicht selbst kaufen können, eine strenge Diät zu verordnen.

Bezüglich der Ernährung ihres Lieblings entwickeln Frauchen und Herrchen eine regelrechte Leidenschaft.

Wozu das führt, zeigte am 27. Juni 2019 eine offizielle Information der amerikanischen Kontrollbehörde für Lebensmittel und Medikamente, U.S. Food and Drug Administration, FDA. Zwischen Januar 2014 und April 2019 wurden zunehmend Fälle von Herzinsuffizienz mit Verbindung zu Tierfutter von hoch angesehenen Herstellern registriert. Die Rede war von dilatativer Kardiomyopathie, einer krankhaften Erweiterung des Herzmuskels. Folgen können Herzschwäche, Herzmuskelschwäche und Myokardinsuffizienz, die für Menschen häufigsten Todesursachen.

In einer Stellungnahme äußerte sich das FDA: „Wir wissen, dass es verheerend sein kann zu erfahren, dass Ihr ursprünglich gesunder Liebling eine möglicherweise lebensbedrohende Erkrankung hat wie dilatative Kardiomyopathie. Deshalb sind wir in weiterer Erforschung von möglichen Zusammenhängen zwischen DKM und bestimmten Tierfuttern engagiert." *(Quelle: „We know it can be devastating to suddenly learn that your previously healthy pet has a potentially life-threatening disease like DCM. That's why the FDA is committed to continuing our collaborative scientific investigation into the possible link between DCM and certain pet foods." Dr. Steven Solomon, director of the FDA's Center for Veterinary Medicine. June 27, 2019).*

Große Hunderassen sind eigentlich am ehesten von Herzschwäche betroffen, doch viele der U.S. Food and Drug Administration gemeldeten Fälle betrafen kleinere Züchtungen. Das nährte den Verdacht auf andere als genetische Ursachen. Im Juli 2018 berichtete das FDA eine erste Vermutung einer möglichen Verbindung von dilatativer Kardiomyopathie und bestimmten Produkten von Hundefutter. Am 27. Juni 2019 veröffentlichte das FDA schließlich die Bezeichnungen von 17 namhaften Produkten, in denen so verlockende Begriffe wie Natur, natürlich, holistisch, Gesundheit, Naturbalance, Naturvielfalt, NutriScore und Naturdomäne förmlich zum Kauf verführen.

Mehr als 90 Prozent dieser Produkte sind getreidefrei. Sie enthalten nicht Mais, Soja, Weizen, Reis, Bärlauch oder andere Körner, sondern fast immer Bohnen, Linsen oder Kartoffeln. Die „New York Times" entdeckte den Ursprung der Abkehr von Getreide im Tierfutter 2007 nach Schlagzeilen über vergiftetes Weizengluten aus China auf. Das genügte, um Angst vor Weizen generell zu schüren, und nach und nach erfasste die Spirale auch die anderen Getreide. Qualitätshersteller von Hundefutter boten die Option getreidefrei an, einfach weil Kundinnen und Kunden danach verlangten.

Während sich berechtigterweise in den letzten Jahrzehnten die Idee einer kohlenhydratärmeren Ernährung des Menschen verstärkte, weil viele Nahrungsmittel mit verdeckten und extrem hohen Lasten von Fruktosesirup die Humangesundheit tatsächlich bedrohen, gibt es wenig wissenschaftliche Erkenntnisse, die als Warnung für unsere vierbeinigen Begleiter aufgefasst werden könnten. Die führende Ärztin der New Yorker Veterinäringesellschaft Fuzzy Pet Health Dr. Lisa Lippman bestätigt: „Es ist extrem, extrem selten, dass Hunde eines Getreidesensibilität haben."

Mythen über den Hund und die Körner verbreiteten sich jedoch so rasant wie sich Ideologien von Paleodiät oder Selleriesaft unter Menschen vervielfältigen. Dr. Lisa Lippman sieht die Folgen in ihrem ärztlichen Alltag: „Menschen projizieren auf ihre Vierbeiner, was sie glauben, selbst essen zu müssen."

Werden Sie sich also in vollem Umfang Ihrer Verantwortung bewusst, während Sie dieses Buch lesen. Es geht um Ihren Liebling.

Die hier veröffentlichen Informationen sind geeignet, den Alltag unserer noch gesunden und erst recht den unserer erkrankten vierbeinigen Gefährten zu verbessern ... und gleichzeitig ihre Depression zu mildern.

Depression? Ja! Der mit schwindenden mentalen Fähigkeiten lebende Hund muss verkraften, dass er seiner Rolle als Bewacher und Beschützer der von ihm geliebten Menschen nicht mehr gerecht wird. Das belastet ihn stärker als alle möglichen Schmerzen, Probleme im Magen-Darm-Bereich und andere Beeinträchtigungen.

Bei Hunde-Demenz greift die universitäre Tiermedizin zur beruhigenden Psychopille. Dabei muss es nicht bleiben. Zahlreiche Mikronährstoffe können das Fortschreiten der kognitiven Verluste beim Hunde hemmen oder bremsen. Noch besser wäre es, sie von vorneherein zu verhindern.

Zeichen von Demenz sind vielfältig. Sie schließen Desorientierung, Veränderungen im Schlaf-Wach-Zyklus, Unfälle im Haus, verstärkte Ängstlichkeit und verringertes Verlangen nach Bewegung und sozialen Kontakten ein. Schließlich können Hunde sogar Befehle wie „sitz" oder „steh" vergessen. Beste Chancen versprechen die Gehirnretter aus der Human-Anti-Aging-Medizin. In aller Regel müsste beim Hund ihr Einsatz vor dem siebenten Lebensjahr beginnen.

Einführung

Am Anfang ist Hoffnung. Tut dem Hund womöglich etwas weh? Vielleicht ist er deshalb so seltsam. Dann dämmert langsam die Wirklichkeit. Hunde haben wie wir Menschen in den zurückliegenden Jahrzehnten an Lebenserwartung hinzugewonnen. Damit geht eine pathologische Beeinträchtigung ihrer besten Fähigkeiten einher. Auch bei unseren Vierbeinern ist die senile Demenz eine altersbedingt durchaus immer häufiger werdende Erkrankung. Zwei Hauptgruppen werden unterschieden: die Alzheimerdemenz durch das Absterben von Nervenzellen und die durch Durchblutungsstörungen verursachte Variante kognitiver Verluste. Es können auch beide Ursachen gleichzeitig auftreten.

Die Diagnose eines solchen kognitiven Dysfunktionssyndroms ist keinesfalls einfach. Sie verändert zwar sehr stark den Alltag eines betroffenen Tieres und der Menschen, mit denen es lebt. Es ist jedoch eine große Herausforderung, zwischen gesunden Prozessen des Alterns und einem krankhaften Verlauf schon in seinem Anfangsstadium rechtzeitig zu unterscheiden. Erste Auffälligkeiten lassen sich nicht leicht von normalen Anpassungen an ein zunehmendes Lebensalter unterscheiden. So kommt es beispielsweise auch bei unseren vierbeinigen Gefährten völlig natürlich zu Fähigkeitseinbußen in Bezug auf das Sehen und Hören. Doch solche Defizite werden von einem auf normale Weise alternden Hund zum Teil sehr gut kompensiert.

Die Gesamtheit der Faktoren einer alzheimerähnlichen Erkrankung des Hundes ähnelt dem kognitiven Dysfunktionssyndrom beim Menschen so sehr, dass tatsächlich erkrankte Hunde auch schon als Studienobjekte für die Demenz beim Menschen verwendet wurden.

Demenz wie Alzheimer oder Parkinson ist keine normale Altersveränderung. Wie beim Menschen sterben beim betroffenen Hund im Gehirn Nervenzellen ab. Dieses Neuronensterben kann zum Teil für eine Diagnose sogar sichtbar gemacht werden.

Wann sich ein Hund im gefährdeten Alter befindet, hängt stark auch vom Geschlecht, von der Größe und von der Rasse ab. Zurzeit kann kein besonderes Wesensmerkmal mit dem Ausbruch der Krankheit in Verbindung gebracht werden.

Wie in der Humanmedizin sind die Ursachen einer Hunde-Demenz nicht vollständig geklärt. Über die meisten letztlich entscheidenden Negativfaktoren besteht jedoch Einigkeit: das Alter, Durchblutungsstörungen, Stoffwechselprobleme durch Diabetes, Fettsucht und Gicht, Übersäuerung des Blutes und der Gewebe und Vitalstoffdefizite.

Ein Warnsignal stellt ein zu hoher

Spiegel der natürlichen Aminosäure Homocystein im Blut dar. Sie muss kontinuierlich abgebaut werden – doch das unterbleibt bei Mängeln an B-Vitaminen, und die Aminosäure wird zum Stoffwechselgift.

Unter den Umweltbelastungen stehen der Feinstaub, die Systeme der Nerven und Hormone belastende Zusätze im Fertigfutter und Elektrosmog ganz vorne.

Vorerkrankungen können ebenfalls schicksalhaft sein. Nicht nur Kopfverletzungen, sondern auch Tumore, Schlaganfall, Funktionsschwächen von Leber und Nieren, sowie hoher Blutdruck.

Beim Menschen werden mit Übersäuerung unspezifische Beschwerden verbunden, die leicht verkannt werden: Muskelschmerzen, Krämpfe, Unwohlsein, Müdigkeit, Infektanfälligkeit, Mundgeruch. Gleichzeitig wird die Entwicklung verschiedener Krankheiten eingeleitet. Auch Demenz gehört dazu.

Gesichert ist, dass in den gesunden Lebensphasen alle Oberflächen der Gehirngewebe untereinander kommunizieren, Nährstoffe transportieren und Stoffwechselabfälle beseitigen. Im Inneren von Nervenzellen halten spezielle Proteine, die umgangssprachlich als Eiweiße bezeichnet werden, Verbindungsleitungen frei von Ablagerungen. Die gleiche Wirkung üben sie ebenso äußerlich auf sämtliche Flächen und Falten des Gehirns aus. Diese Eiweiße sind große Moleküle aus Aminen und Peptiden mit vielfältigen Funktionen und Fähigkeiten. Auch Muskeln, das Herz, die Haut und die Haare bestehen zum Großteil aus ähnlichen Eiweißen.

Aus ungeklärten Ursachen verlieren diese absolut wertvollen Proteine irgendwie und irgendwann ihre lebenswichtige Reinigungsfunktion. Sowohl in den Neuronen, intrazellulär, wie außerhalb an Oberflächen, extrazellulär, lagern sich in der Folge sehr langkettige, feste und widerstandsfähig Eiweiße an. Wie eine Mauer umgeben sie nach und nach die einzelne Nervenzelle.

Diese Beschichtungen bewirken Schlimmes: Die betroffene Nervenzelle kann schließlich nicht mehr ernährt werden und ihre Abfallstoffe können nicht mehr abtransportiert werden. Was hinter diesen Anhäufungen liegt, wird zur Todeszone. Am empfindlichsten dafür sind Nervenzellen für Erinnerung, Bewusstsein und Lernen.

In verschiedenen Studien der Neurobiologie zeigte es sich, dass bereits ab dem vollendeten siebenten Lebensjahr bei einem bis zwei Drittel der beobachteten Hunde Symptome von Alzheimer-ähnlichen Beeinträchtigungen zu sehen sind.

Es gibt ebenfalls Hinweise, wonach eine zu geringe mentale Stimulation zu einer früheren Einleitung oder zu einem rascheren Fortschreiten einer Hunde-Demenz führt. Schon vor dem Auftreten der Krankheit sollte rechtzeitig die Gehirnleistung unseres Vierbeiners mittels kognitiv verstärkender Anregung trainiert werden.

Vermutlich sind weibliche Tiere stärker betroffen als männliche.

Auch unter den Menschen sind diese Risiken ungleich verteilt. Während in den späteren Jahren jeder elfte Mann mit einer Alzheimererkrankung rechnen sollte, trifft es Frauen fast doppelt so oft, mit einer statistischen Chance von eins zu sechs. Forscher machen hormonelle Geschlechtsunterschiede dafür verantwortlich, dass zwei Drittel der von Alzheimer Betroffenen weiblich sind.

Orientierungsverlust und Schmerzempfinden

Die Veränderungen durch diese Krankheit sind vielfältig.

Neben dem Orientierungsverlust ist die Einbuße der Schmerzempfindung in der Demenz von großer Bedeutung. Wie beim Menschen tritt das Phänomen des vergessenen Schmerzes auf, denn auch das Schmerzgedächtnis geht zu Grunde. Das hängt damit zusammen, dass sich im beschädigten Gehirnbereich für Lernen auch die Prozesse mit der Angst abspielen. Das Tier vergisst im Banne eines kognitiven Dysfunktionssyndroms leider beispielsweise, dass es die Gefahren des Alltags relativ wirksam durch Drohung, durch Flucht oder durch Demutsgesten abwehren kann. Weil ihm diese Mittel nicht einfallen, entwickelt es ersatzweise eine defensive Aggression. Diese Reflexe können sich unbewusst auch gegen Frauchen und Herrchen richten.

Medikamentös zu heilen ist eine Hunde-Demenz nach Auffassung der Tiermedizin nicht. Einige Arzneistoffe werden dennoch verabreicht. Um das Dasein für Hunde mit diagnostiziertem kognitiven Dysfunktionssyndrom erträglicher zu gestalten, kommen schließlich auch ausgewählte Psychosubstanzen in Betracht.

Die größten Hoffnungen konzentrieren sich allerdings zunehmend auf spezielle Gehirnernährung. Dieser Optimismus ist naturgemäß bei jenen Frauchen und Herrchen stärker, die auch für die eigene Gesundheit an einen wichtigen Beitrag durch ausgewählte Vitalstoffe glauben. Gemeinsam verhindern möglicherweise sogar oder verlangsamen die richtigen Maßnahmen später das Auftreten und das Fortschreiten einer problematischen Entwicklung.

Einige aus unserem bisherigen Wissen abzuleitende diagnostische und therapeutische Hilfestellungen sind wirklich nachvollziehbar und dabei sehr einfach. Wer sie kennt und einsetzt, hat eine größere Chance, aus einer inneren Verpflichtung heraus seinem geliebten Hund rechtzeitig und weitgehend zu helfen.

Francis Jammes, ein französischer Dichter aus dem Baskenland, spricht vielen Hundefreunden aus dem Herzen:

„Tief im Blicke der Tiere leuchtet ein Licht sanfter Traurigkeit, das mich mit solcher Liebe erfüllt, dass mein Herz sich als ein Hospiz auftut allem Leiden der Kreatur." (Quelle: „Das Paradies", Verlag Kurt Wolff, Leipzig).

Hinweis: Für weibliche und männliche Tiere wird in diesem EBook einheitlich der Begriff Hund verwendet, ebenso gemeinsam Arzt für Tierärztin oder Tierarzt.

Einzigartige Vitalstoffe

In diesem Zusammenhang muss der Blick sehr rasch auf das umfangreiche Segment von Mikronährstoffen – mit Betonung auf der griechischen Silbe mikro für klein – gerichtet werden. Gelegentlich werden sie auch Spurennährstoffe genannt. Denn es handelt sich im Wesentlichen um unentbehrliche, wertvolle und einzigartige Vitalstoffe der Pflanzenwelt, die bereits in winzigsten Dosierungen Reaktionen bewirken. Die wichtigsten sind Vitamine, Mineralstoffe, Aminosäuren, Spurenelemente, Fettsäuren, Antioxidanzien und Enzyme.

Jede einzelne dieser Substanzgruppe kann spezielle positive Wirkungen entfalten, entweder schützend oder Leistung steigernd oder beides. Ein Beispiel: Die so genannten Antioxidanzien nehmen aggressiven Sauerstoffteilchen generell ihre Radikalität. In Bezug auf das Gehirn meldeten Wissenschaftler der Curtin University, Australien, im Dezember 2016 erstmals eine Sensation: Offensichtlich schützen Antioxidanzien besonders die Blut-Hirn-Schranke, eine natürliche Barriere zwischen dem Blutstrom im übrigen Körper und den Gehirngeweben, die Giftstoffe möglichst fernhält.

Insgesamt entwickelt das Königreich der Natur geschätzte rund 70.000 derartige Aktivsubstanzen für das Gedeihen der Pflanzen, für ihren Fortbestand und zu ihrem Schutz, von Hitzschlag und Nachtfrost über Bakterien auf der feuchten Außenhaut bis zu Fressfeinden. Vor rund 10.000 Jahren begriffen die ersten Hochkulturen, dass diese pflanzlichen Aktionsstoffe nach Verzehr auch im menschlichen Körper gewünschte Wirkungen auslösen. Im Wesentlichen steuert unser Organismus bereits mit Mengen von jeweils wenigen Milligramm dieser Wirkstoffe alle seine vielfältigen Aktivitäten.

Im Gegensatz dazu liefern Kohlenhydrate, Eiweiße und Fette, die drei Hauptgruppen der Makronährstoffe mit Betonung auf der griechischen Silbe makro für groß, in speziellen Speicherformen nur die notwendige Energie.

Die wertvollsten Erkenntnisse in dieser Hinsicht auf Vorbeugung und Verbesserung von im Hundegehirn angesiedelten Veränderungen stammen aus der Präventionsmedizin. Bewährte Mikronährstoffe insbesondere für das Zentrale Nervensystem, bestehend aus Gehirn und Rückenmark, können das Eintreten eines Hunde-Alzheimers verzögern oder möglicherweise sogar zu seinen Lebzeiten verhindern. Einzelne so genannte Phytamine gelten als wahre Gehirnretter und führen speziell den grauen und weißen Zellen sowie den Gliazellen des Zentralen Nervensystems bestimmte Moleküle zu, etwa Amine. Sie verstärken die Nervenfunktionen und erhöhen die Spiegel wichtiger Überträgersubstanzen wie Dopamin. Genau diese Wirkstoffe fehlen in der Regel bei Parkinson und Alzheimer sowohl im Gehirn des Menschen wie des Hundes.

Früh vorbeugen

Eine sichere Verhütung ist nicht zu garantieren. Aber der Versuch lohnt. Die lange Jahre für die Ernährung der Hunde im britischen Königshaus Verantwortliche, die Nahrungsexpertin Dr. Samantha Ware, empfiehlt deshalb schon für den jungen Hund konkret auch Lachs, Erbsen und Süßkartoffeln wegen ihres hohen Gehalts an Vitaminen, ungesättigten Fettsäuren und Antioxidanzien. Diese Nährstoffe liefern nicht nur Kalorien wie anderes Futter auch, sondern erhöhen nachweislich die Potenziale für Intelligenz, Erinnerungsvermögen und kognitive Fähigkeiten.

Die Aussagen von Dr. Samantha Ware inspirierten im November 2016 sogar die BILD-Zeitung zu einem Artikel über das Schlaufüttern von Hunden. Das ist ein gut gemeinter, aber möglicherweise falscher Ansatz: Unser vierbeiniger Gefährte ist von Geburt an mehr als geistig fit. Die größte Herausforderung besteht darin, seine kognitiven Fähigkeiten bis ins hohe Alter zu fördern und zu erhalten – damit ihm das allmähliche Vergessen seiner geliebten Umwelt erspart bleibt, gerade dann, wenn eine derartige Entwicklung für ihn und für Frauchen und Herrchen am schmerzvollsten wäre.

Jeder dritte Hundebesitzer hat ein schlechtes Gewissen in Bezug auf die ausufernde Menge oder die mangelnde Qualität des Futters für seinen Hund. Nur jeder Vierte bringt es übers Herz, seinen geliebten vierbeinigen Gefährten auf Diät zu setzen. Dabei sind Ernährungsmängel für ein Tier ebenso nachträglich wie für den menschlichen Organismus. Viele Hundebesitzer können diesbezüglich tatsächlich noch nachbessern und achten vielleicht bestenfalls auf das Gewicht oder auf den Zustand des Fells, nicht aber auf Auffälligkeiten in Bezug auf das kognitive Verhalten.

Vor allem sind die meisten ahnungslos in Bezug auf vielleicht alltägliche, jedoch vermeidbare Belastungen für Gehirngewebe.

Ein Beispiel. Im September 2013 identifizierten britische Forscher im entzündeten Zahnfleisch eingenistete Bakterien als eine Art Gehirnfresser. Der Krankheitserreger Porphyromonas gingivalis verursacht im ganzen Körper bestimmte Entzündungsprozesse, zum Beispiel die rheumatische Arthritis. Plötzlich wurden Bestandteile dieses Bakteriums angehäuft in den Gehirngeweben von vier Verstorbenen aus einer Gruppe von zehn Alzheimerpatienten nachgewiesen. Kein Nachweis gelang bei Menschen ohne jede Demenz. Auf gefährdete Menschen bezogen, rieten die Wissenschaftler zu besserer Zähnehygiene oder gegebenenfalls zur Ernährungsumstellung. Vieles spricht dafür, dass das auch für

Hunde gilt.

Ganz konkret dürfen die typischen Anzeichen von Folgen schlechter Ernährung nicht übersehen werden:

• Ein schlechter Zustand der Zähne. Sie sind gelb oder braun. Der Hund hat einen auffällig riechenden Atem oder entzündetes Zahnfleisch. Er hat Schwierigkeiten beim Kauen oder benutzt bevorzugt eine Seite.

• Veränderungen im Fell. Es lassen sich gerötete, feuchte, trockene oder entzündete Stellen erkennen oder ertasten. Auch Schuppenbildung ist denkbar. Rätselhafte Knoten, Gewebeanhäufungen oder Farbveränderungen sollten unverzüglich von einer Tierärztin oder einem Tierarzt untersucht werden. Bestimmte hochwertige Öle und Mikronährstoffe verbessern gezielt die Fellqualität.

• Erkennbare Schwäche. Ein Mangel an notwendigen wertvollen Substanzen äußert sich in vergleichbaren Symptomen, die später auch auf ein kognitives Dysfunktionsyndrom hinweisen können: Weniger Appetit, geändertes Schlafbedürfnis - häufig mehr, Atemnot oder häufigeres Stehenbleiben beim Gassigehen. Auch das nicht überwiegend körperliche Verhalten ändert sich. Der Hund hat weniger Interesse, zum Beispiel an seinem Lieblingsspielzeug, und grüßt nicht so enthusiastisch wie gewohnt.

• Verdauungsprobleme. Dieser Komplex hat eine große Aussagekraft. Seltsame Geräusche aus dem Magen-Darmbereich, Erbrechen oder Durchfall sind besonders eindeutige Warnzeichen. Das Tier zeigt sich empfindlich gegenüber Berührung im Bauchbereich. Es bewegt sich unwillig. Blähungen mit verstärkter Gasentwicklung. Blut oder Pilze im Stuhl. Der Vierbeiner bevorzugt eine ungewohnte Position. Der Tierarzt erkennt vielleicht eine typische Gebetshaltung - starker Hinweis auf eine innere Entzündung, möglicherweise der Bauchspeicheldrüse: Pfoten weit vorausgestreckt, Kopf tief, Becken aufgestellt.

Auch Übergewicht sollte beachtet werden. Es verrät sich dem Experten durch einen einfachen Griff und durch bloßes Hinschauen: Kritisch wird es, wenn im Bereich des Brustkorbes die einzelnen Rippen nicht mehr ertastet werden. Der Bauch wird zu den Hüften hin nicht schmaler, sondern hängt tief bis auf das untere Brustniveau. Der Blick von oben lässt keine Taille mehr erkennen, denn die Gestalt bleibt so geweitet wie im Brustbereich.

Artgerechte Aktivität

Frauchen oder Herrchen sind nicht nur die wichtigen Kontrolleure der ersten Stunde. Sie können auch durch ihre eigenen Aktivitäten einen entscheidenden Beitrag leisten.

Ein gesunder Lebensstil des Hundes verringert, durchaus vergleichbar mit seinen positiven Effekten im Leben eines älter werdenden Menschen, in gewisser Weise die Wahrscheinlichkeit einer neurodegenerativen Krankheitsentwicklung beim Vierbeiner. In erster Linie spielen eine artgerechte körperliche Aktivität, soziale Anregungen und logistische Herausforderungen, sowie regelmäßige Aufgaben zur Steigerung der Gehirnleistung im Zusammenwirken eine sehr große Rolle.

Auch die britische Hundeexpertin mit dem vollen Vertrauen der Königin, Dr. Samantha Ware, rät zum regelmäßigen Spielen mit dem Hund, zum Trainieren von Befehlen und zum Umgang mit anderen Tieren, weil diese Maßnahmen ebenfalls die kognitiven Fähigkeiten verbessern.

Niemand sollte glauben, dass schon der Einsatz einer Flexileine genügt und automatisch zu einem artgerechten Umgang mit dem Hund führt. Denn auch hier sind einige Hinweise hilfreich, damit der natürliche Erkundigungsdrang genügend Entfaltungsraum erhält:

Befestigen Sie die Leine nicht an einem festen Endpunkt, sondern führen Sie den Hund immer von Hand.

Kontrollieren Sie das Tier durch Armbewegungen, beziehungsweise mit der Bremstaste.

Wickeln Sie das Seil nicht um einen eigenen Körperteil. Verletzung droht auch beim Hineingreifen in das Seil.

Achten Sie auf normale Verschleißerscheinungen, beziehungsweise auf Beschädigungen durch Bisse.

Übrigens: Besonders kompromisslose Hundeexperten bewerten auch eine Flexileine kritisch, obwohl sie Bewegungsdrang und Kontrolle miteinander verknüpft.

Unerlässliche Voraussetzungen für alle diese Kriterien ist die bewusste und kontinuierliche Versorgung mit Mikronährstoffen. Ohne sie sind die gewünschten Beiträge durch den Hund selbst nicht zu gewährleisten. Deshalb lautet der wiederholte Rat von Tierexperten in Hinblick auf die späteren Lebensjahre: Verordnen Sie Ihrem Hund durchaus immer wieder einmal eine Gemüseplatte oder einen Obstsnack.

Über verstärkte genetische Risikoanlagen bei einzelnen Rassen liegen zu wenige Informationen vor. Ein erwiesener Nachteil in Bezug auf die geistige Reife ist vermutlich eine zu frühe Kastration, da sie zu Entwicklungsstörungen führt. Der Eingriff in den Hormonhaushalt verändert den Stoffwechsel. Das betrifft auch die wertvollen Mikronährstoffe, die das Hundefutter in der Regel bereits enthält. Aus diesen Gründen scheint das statistische Risiko der Erkrankung für kastrierte Hunde signifikant höher als für intakte.

Fünf Symptom-gruppen

Die Deutlichkeit auch der häufigsten Symptome eines erkrankten Vierbeiners kann sehr unterschiedlich sein, denn auch die einzelnen Anzeichen werden stark individuell geprägt. Die typischsten Hinweise treten in aller Regel in fünf Verhaltensbereichen auf: Desorientiertheit, Umgang mit engen Bezugspersonen, Aktivität und Schlaf, Verhalten in der Wohnung oder im Haus, sowie äußerer Eindruck.

- **Desorientiertheit**

Das könnte Ihnen auffallen: ein insgesamt verwirrter Eindruck!

Er zeigt eine veränderte Reaktion auf das Rufen seines Namens oder auf Gesten und Kommandos, die er erlernt hat und ihm bisher sehr viel bedeuteten.

Ihr Hund starrt ins Leere, wandert orientierungslos und unruhig umher und behandelt Personen, die er kennt, wie Fremde. Er steht wie unbeteiligt neben ihnen und vermisst nichts.

Hinter Möbeln oder in engen Passagen bleibt er regelrecht stecken und findet nicht vorwärts und zurück. Er hat vergessen, an welcher Seite sich die Tür öffnet, oder in welche Richtung das geschieht.

Manchmal zeigen erkrankte Hunde Probleme oder völlige Unfähigkeit, ein Hindernis zu analysieren und zu bewältigen.

Auf den Punkt gebracht:

Der Hund bewegt sich ziellos, wandert umher.

Wirkt verloren oder verwirrt, auch in den gewohnten vier Wänden oder im eigenen Garten.

Bleibt in engen Ecken oder an oder unter Möbelstücken stecken.

Hat Schwierigkeiten, die Tür zu finden. An der Tür steht er an der Scharnierseite. Für Gassigehen wartet er vor der falschen Tür.

Draußen scheint er nicht zu wissen, was angesagt ist.

Begegnet Menschen, die er kennt, ohne äußere Sinneszeichen.

- **Umgang mit engen Bezugspersonen**

Sein veränderter Kontakt mit den Menschen, die ihm gefühlsmäßig am nächsten stehen, schmerzt womöglich am stärksten. Es gibt ein eindeutig vermindertes Verlangen nach Streicheln und allen anderen Formen der Zuneigung. Seine Begrüßungsaktivitäten, vor allem wenn eine geliebte Person heimkommt, sind nicht wiederzuerkennen. Auch sein Interesse an seinem Lieblingsspielzeug, beziehungsweise an der aktiven Teilnahme an Spielen, entspricht nicht den gewohnten Erfahrungen. Übrigens, draußen nimmt auch sein Interesse an anderen Hunden stark ab.

Manchen Besitzern fallen sehr ungewohnte Stimmungsschwankungen bei ihrem älteren Hund auf. Er scheint zum Beispiel plötzlich leichter reizbar.

Das sind sehr augenscheinliche Beeinträchtigungen in dieser wichtigen Symptomgruppe.

Auf den Punkt gebracht:

Aufmerksamkeit erbettelt er seltener.

Mag es nicht mehr wie früher, gestreichelt oder auf andere Art zärtlich behandelt zu werden. Geht lieber weg.

Seine Begrüßungsrituale verändern sich.

Begrüßt Frauchen oder Herrchen beim Nachhausekommen weniger euphorisch.

• Aktivität und Schlaf

Die Aktivitäten mit einer erkennbaren Zielrichtung nehmen deutlich ab. Als Abgrenzung zu einer normalen Verhaltensänderung mit zunehmendem Alter ist ein sehr geringeres Interesse an seinem Umfeld unübersehbar. Auch bisher wirksame Anregungen, Stimuli, verlieren für sie an Effektivität.

Besitzer schildern ihren Vierbeiner als rastlos und ziellos umher wandernd, oft hechelnd, manchmal winselnd. Es kommt zu stereotypem Auf- und Ablaufen. Bei Dämmerung und bei Dunkelheit ist ein betroffener Hund oft nicht wiederzuerkennen. Das Schlafpensum nimmt deutlich zu, mit starker Verschiebung in die Tagesstunden. Der Nachtschlaf ist stark reduziert. Der Tierarzt diagnostiziert einen häufigen Wechsel zwischen Einschlafneigung am Tag und Schlafanfällen, Hypersomnie genannt, und Schlafstörung und Schlaflosigkeit, Insomnie genannt.

Auf den Punkt gebracht:

Deutliche Abnahme an sinnvollen Betätigungen.

Augenscheinliche Zunahme an unerklärlichen, vermutlich ziellosen Bewegungen und Wanderungen.

Die Zahl der nächtlichen Schlafstunden nimmt ab.

• Verhalten in der Wohnung oder im Haus

Eine Hunde-Demenz führt zur Rückkehr der Stubenunreinheit. Erkrankte Tiere sind plötzlich wieder unsauber. Sogar unmittelbar nach einem Spaziergang kann es passieren. Der Hund zeigt einfach nicht mehr an, dass er hinaus muss. Im weiteren Verlauf entwickelt sich verstärkte Inkontinenz in Bezug auf Harn und Stuhl.

• Äußerer Eindruck

Ein trauriger Gesichtseindruck, wie von einem in sich gekehrten Wesen.

Welch ein Gegensatz zur Beschreibung des richtigen Blickkontaktes, den die Franziskanermönche des Klosters New Skete in den Bergen des U.S.-Staates New York allen Anhängern einer artgerechten Hundehaltung in ihrer ungewöhnlichen Gebrauchsanweisung mitgeben:

„Wir betonen den Blickkontakt, weil wir darin einen wesentlichen Bestandteil des Umgangs zwischen Halter und Hund sehen. Der Blickkontakt vertieft das Verständnis und das Vertrauen …

Es ist eine gute Übung, einmal am Tag innezuhalten, die Aufmerksamkeit des Hundes zu erzielen und ihn einfach anzusehen ... Ein wirklicher Austausch zwischen Mensch und Tier, geprägt von einer Stimmung des Friedens und der Stille ... Meiner Hündin bereitet es schiere Wonne, und mir gibt es Momente des Glücks."(Quelle: „Wer kennt schon seinen Hund?" Hoffmann und Campe, Original: „How To Be Yor Dog's Best Friend", The Monks of the Brotherhood of Saint Francis, Cambridge, New York, 1978).

Auch Stimmungsschwankungen und erstaunliche Reizbarkeit werden beobachtet.

Symptome wie ein ins Leere Starren, ungewohnt reduzierte Begeisterungsfähigkeit oder ein Nichtwahrnehmen von Frauchen oder Herrchen nähren die Hauptsorgen bei einem ersten Verdacht auf ein kognitives Dysfunktionssyndrom. Sie können jedoch auch mit verborgenen schmerzhaften Umständen beim Hund zusammenhängen. Das trifft selbst noch auf zielloses Umherwandern zu. Zwar ist eine Katze noch stärker fähig, Schmerzen zu verbergen, doch auch unser treuester vierbeiniger Weggenosse ist in aller Regel kein Weichei. Unsere Eltern konnten alle von Erlebnissen berichten, bei denen beispielsweise der Hund des Hauses beim wilden Herumtollen von einem Mähdrescher erfasst und schwer verletzt wurde, vielleicht sogar, ohne dass jemand es bemerkte. Solch ein Tier konnte sich vielleicht durchaus noch bis vor die Haustüre schleppen ... und überlebte irgendwie mit Unterstützung seiner Besitzer, wenn auch verkrüppelt und für immer gezeichnet.

Deshalb muss vor jeder Diagnose einer in den mentalen Funktionssystemen verursachten Beeinträchtigung der Körper des Tieres gründlich auf Auffälligkeiten untersucht werden. Praktisch jede bekannte andere Krankheit muss als Erklärung für Veränderungen ausgeschlossen werden, bevor eine Diagnose auf Hunde-Alzheimer oder eine andere Hunde-Demenz gestellt werden kann.

Vor allem Schmerzen dürfen keine eigene Rolle spielen. Jeder Tierarzt kennt darüber hinaus auch Erkrankungen, die speziell das Hören und Sehen verändern oder zu einer plötzlichen Stubenunreinheit führen.

Appetitlosigkeit, nachlassende Körperpflege und auch rastloses Umherbewegen können zum Beispiel auf Hormonstörungen, auf Kreislaufprobleme oder auf eine schmerzende Gelenksentzündung hinweisen.

Was Sie noch beobachten werden

Ein typisches Zeichen für eine Hunde-Demenz ist ein Verlust des Zeitgefühls. Sie erkennen, dass der vierbeinige Gefährte auf sein Futter wartet und offenbar total vergessen hat, dass er gerade gefressen hat. Parallel dazu wird auch die Abnahme jeder örtlichen Orientierung schmerzlich spürbar. Ein erkrankter Hund kann sich innerhalb der gewohnten vier Wände verlaufen oder sich in Ecken und anderen Engstellen nicht zurechtfindet. Er vergisst, wo seine Futterschüssel steht oder wozu ein Knochen verwendet werden kann.

Wie betroffene Menschen erkennen auch Alzheimererkrankte Hunde Gegenstände ihres Alltags nicht mehr. Ebenso irritierend ist ihr Umgang mit Personen, die ihnen eigentlich vertraut sind. Nicht selten weicht das Tier angstgesteuert vor ihnen zurück. Erkrankte Tiere sind andrerseits sogar zum Bellen oder Knurren fähig. Gerade diese verlorene Selbstkontrolle oder solche überraschenden Gefühlsschwankungen machen Frauchen und Herrchen besonders zu schaffen.

Ein gesunder Hund begeistert den Menschen durch seine enormen Fähigkeiten, mit denen diese Tiere beispielsweise in Vergleichstest die Leistungen von Affen deutlich übertreffen. Zum Beispiel kann nur der Hund den Sinn einer richtungsweisenden Geste mit der Hand oder dem Zeigefinger verstehen, der Affe nicht. Jetzt fällt auf, dass es einem betroffenen Tier schwer fällt, aus unterschiedlichen Entscheidungsmöglichkeiten das Sinnvollste zu erwägen. Das Tier vergisst Kommandos, Befehle oder Signale, die ihm eben gegeben wurden. Halter berichten von ihrem vierbeinigen Gefährten, dass er plötzlich inne hält, wie vor einer unsichtbaren Wand, und sich offensichtlich nicht entscheiden kann oder mag, wie es weitergeht. Entsprechend leer und ziellos ist der starre Blick.

Demenz ist kein normaler Zustand

Die Humanmedizin stuft Demenz nicht als normalen Alterungsprozess ein, denn sie beruht auf dem langsamen Absterben von Nervenzellen des Gehirns, womit der in der Schädelhöhle liegende Teil des Nervensystems definiert wird. Das Zentralnervensystem besteht aus Gehirn und Rückenmark gemeinsam. Die durch Alzheimer-ähnliche Zerstörung besonders gefährdeten Neuronen sind eigentlich gut geschützt in den äußersten Schichten der Gehirnrinde positioniert. Sie heißt Neuhirnrinde oder Neocortex, nach dem lateinischen Wort cortex für Rinde und ist zuständig für soziales Miteinander, für kognitive Aufgaben und für logisches Denken und Verarbeiten von Informationen aus der Umwelt.

Das Hundehirn ist ähnlich konzipiert wie das menschliche, das geschätzte 100 Milliarden Neuronen besitzt. Die Mehrzahl befindet sich im Gehirn und garantiert mit ihrer Kommunikation untereinander die Basis der mentalen Leistungen. Das Gehirn, seine Areale und Nervenleitungen werden aus verschiedenen Gewebearten gebildet, jede mit speziellen Aufgaben, die mehr oder weniger stark altersbezogenen Veränderungen ausgesetzt sind.

Die Substantia nigra, unsere so genannten grauen Zellen, ist durch einen hohen Gehalt an Melanin und Eisen und dunkel-rötlich eingefärbt.

In der Substantia alba, der weißen Substanz, häufen sich Schäden im späteren Alter.

Gliazellen sind die dritte große Speichermasse im menschlichen Gehirn und scheinen ein übergeordnetes Superhirn darzustellen. Gliazellen prägen die Gehirnstrukturen unser Leben hindurch durch intelligente Veränderungen weiter - bis ins Alter und in den Tod.

Die weißen, grauen und die Zellen des Gliagewebes besitzen keine Sensoren für Schmerz, im Gegensatz zu den sie umgebenden Isolationsgeweben wie Haut und andere Bio-Massen.

Kopfhirn, Darmhirn

Ein hochsensibles weiteres Nervensystem erstreckt sich mit Abermillionen Faserchen über den gesamten Magen-Darm-Trakt. Von dort kommunizieren mit dem Kopfhirn bis zu fünf Mal mehr Neuronen als im Rückenmark. Dieses System heißt Darmhirn.

Zwei bedeutende Grenzstränge sind die wichtigsten Partner in diesem Informationsaustausch und arbeiten gleichzeitig miteinander wie gegeneinander, Sympathikus und Parasympathikus.

Zwischen den Gehirngeweben und dem Blutkreislauf kontrolliert die Blut-Hirn-Schranke, welche Substanzen das Gehirn und damit das Zentrale Nervensystem erreichen können. Die hemmende Barrierefunktion wird an sämtlichen Kleinstgefäßen durch dichte Zellgewebe und durch einen hohen elektrischen Widerstand ausgeübt. Durch passive Diffusion werden Wasser, Gase und fettlösliche Substanzen - zu ihnen gehören allerdings auch Nikotinmoleküle, Alkohol und Narkosemittel - zugelassen, sowie direkt Glucose und spezielle Aminosäuren.

Fast alle Bakterien werden erfolgreich ferngehalten. Auch die meisten Antikörper sind für eine direkte Passage zu groß, und nur besondere Antibiotika können diese Schranke überwinden.

An all diesen Komponenten und Funktionsteilen kann es zu altersbedingten Veränderungen kommen, zum Beispiel durch zunehmenden oxidativen Stress.

Für den Menschen und für hochentwickelte Säugetiere gilt gleichermaßen, dass die Weiterleitung von Reizen und Sinneswahrnehmungen ein hochautomatisierter Prozess ist. Dabei ändert sich die Zusammensetzung spezieller Eiweißmoleküle in den Neuronen. Dadurch werden unter gesunden Bedingungen Kanäle für elektrisch geladene und durch diese Energie bewegte Moleküle freigegeben.

Im gesunden Zustand kommunizieren die Gehirnzellen unbehindert miteinander, informieren sich untereinander, verteilen und verarbeiten Nährstoffe und beteiligen sich gemeinsam am Abtransport der Stoffwechselabfälle. Der Informationsaustausch erfolgt im Inneren einer Zelle entlang spezieller Bahnen mittels Neurotransmittern, also hormonähnlichen Transportmolekülen, und in den verbindenden Fortsätzen zwischen zwei Nervenzellen durch elektrische Impulse. Die großartigen Leistungen setzen voraus, dass alle Verbindungen, Leitungen und Oberflächen unversehrt und völlig frei von Ablagerungen sind.

Wir Menschen und die Tiere unserer Umwelt dürfen in der Regel ein hohes Lebensalter erreichen, ohne dass diese privilegierten Zellen der Neuhirnrinde absterben. Genau das geschieht jedoch bei von seniler Demenz Betroffenen.

Diesem Prozess geht der Funktionsverlust der entscheidenden Gehirneiweiße voraus. Zu ihren wichtigen Aufgaben zählt auch der Schutz der sensiblen Zellen vor Anhäufungen von Abfallstoffen. Gefährdet sind sowohl deren der Reizleitung dienenden Fortsätze, Axon und Neurit genannt, wie die äußeren Oberflächen.

Sowohl bei der speziellen Alzheimer-Demenz wie beim kognitiven Dysfunktionssyndrom generell lagern sich im Bereich des Neocortex im Zellinneren die faserigen Tau-Fibrillen an. Außen an den Oberflächen machen toxische langkettige, zähe und äußerst widerstandsfähige Proteine das Gleiche. Deren Bezeichnung Amyloide geht auf einen Irrtum des genialen Arzt, Biologen und Pathologen Universitätsprofessor Dr. Rudolf Virchow zurück. Er verwechselte sie mit Stärke, lateinisch amylum. Amyloide sind krankhaft veränderte Eiweiße mit der Eigenschaft, unlösbar aneinanderzukleben. Sie werden mit 20 Erkrankungen unserer Organe in Verbindung gebracht, unter denen die Demenz die gefürchtetste ist.

Beide krankhaften Eiweißanhäufungen, die Tau-Fibrillen und die Amyloid-Plaques, können offensichtlich die Reizleitungsbahnen mechanisch zerstören, wodurch die betroffene Nervenzelle zur Kommunikation unfähig wird. Außerdem umgeben die Eiweißlagen allmählich die gesamte Zelle hemmend wie eine Mauer.

Diese Umstände sind der Auftakt für eine unumkehrbare Zerstörung. Die Zellen hinter den Eiweißmauern haben keine Chance auf Überleben. Von Nahrung sind sie abgeschnitten, von giftigen Stoffwechselresten werden sie bedroht. Bestehende Blutgefäße werden abgetrennt, neue können nicht bis hinein führen.

Die auslösenden Umstände sind nicht in vollem Umfang bekannt.

Es gibt einerseits sowohl Alzheimererkrankungen ohne diese giftigen Anhäufungen. Und es gibt andrerseits sehr wohl diese belastenden Plaques, ohne dass die kognitive Leistung auffällig abnimmt.

Sobald jedoch diese verdächtigen Gehirneiweiße in großer Menge vorherrschen und so lange sie anhalten, sind die direkt betroffenen Zellen unter den Eiweißkrusten dem Untergang geweiht. Diese Entwicklung vollzieht sich langsam, Zelle nach Zelle erfassend. Die weiterhin gesunden Gehirnregionen sind einige Zeit teilweise zum Ausgleich fähig. Die grauen und weißen Zellen leisten ihre Beiträge über Umwege, bis schließlich vielleicht auch diese Notmaßnahmen nicht mehr möglich werden.

Verbundenheit und Schock

Der Hund ist Begleiter des Menschen seit dem Ende der Eiszeit, das mit der Nutzbarmachung von Pflanzen und Tieren die vermutlich folgenreichste Revolution in der Geschichte der Menschheit ermöglichte. Wenn wir auf Grund archäologischer Funde den Erkenntnissen der Erbbestandswissenschaften glauben dürfen, betraf die allererste Umwandlung eines wild lebenden Tieres in einen domestizierten Begleiter den Übergang vom Wolf zum Hund.

Während der Tierpsychologe, Verhaltensforscher und Nobelpreisträger für Medizin Dr. Konrad Lorenz der Auffassung war, dass der Mensch „auf den Hund" kam, dominiert jetzt eine konträre These: Der Hund entwickelte von sich aus Interesse am Menschen und suchte dessen Nähe, lange bevor unsere Vorfahren sesshaft wurden und über Besitz verfügten, der zu schützen war. Es war der hochintelligente Vierbeiner, der als erster einen möglichen Nutzen aus dieser Partnerschaft erahnte. Er verstand es im Verlauf mehrerer tausend Generationen, wie keine andere Kreatur die Rolle eines Nutztieres hinter sich zu lassen und eine Bedeutung zu erlangen, die der eines ehrenwerten Familienmitglieds in keiner Weise nachsteht. Heute leben weltweit etwa 500 Millionen dieser Vierbeiner aufs Engste mit Menschen zusammen.

Der deutsche Dramatiker und Lyriker Friedrich Hebbel hat diese über alle Zeitgrenzen mögliche Beziehung stellvertretend für Millionen Hundefreunde unnachahmlich in bewegende Worte gefasst:

„Schau ich in die tiefste Ferne
Meiner Kinderzeit hinab
Steigt mit Vater und mit Mutter
Auch ein Hund aus seinem Grab."

Züchtungen verliehen dem Hund die Fähigkeit, in uns mit kindähnlichen Gesichtszügen elterliche Gefühle zu wekken und sich ein jugendliches Verhalten bis ins hohe Alter zu bewahren – das erscheint als die naheliegendste Erklärung, warum es dem Hund gelungen ist, unter allen Haustieren zumindest mengenmäßig das beliebteste zu sein. Umso größer ist der Schock, mit dem das kognitiven Dysfunktionssyndroms deutlich macht, dass auch diese Freuden endlich sind.

Ausnahmslos erkrankt der Hund daran erst im fortgeschrittenen Alter. Weil die Übergänge fließend und einzelne Stufen nicht voneinander abzugrenzen sind, wird in der wissenschaftlichen Tierpsychologe eindringlich empfohlen, auf Veränderungen genau zu achten. Die besonderen Bedürfnisse erkrankter Tiere sind inzwischen erkannt und verstanden. Ihnen kann besser entsprochen werden, bevor ein Dysfunktionssyndrom fortgeschritten ist.

Vergessene Schmerzen

Eine wesentliche Erleichterung des Schicksals eines dementen Hundes besteht in unserer Fähigkeit, an seiner Stelle Schmerzen zu erkennen, sie zu behandeln und ihm gerade jetzt Pein und ihre Folgen zu ersparen. Die Schmerzwahrnehmung informiert normalerweise das Zentrale Nervensystem über eine Gewebeschädigung, von der eine Gefahr ausgeht. Die gleichen Zellverbände, die für Lernen und Erinnern zuständig sind, bewerten für das gesunde Lebewesen die Bedrohung und suchen nach einer Lösung. In der Akademie für Tierheilkunde wird das Beispiel einer eingerissenen Pfote angeführt: Das klug handelnde Tier wird nicht weglaufen und auch nicht beißen, sondern die Pfote anheben und um Hilfe bitten.

Neurobiologen orientieren sich an den Erfahrungen aus der Humanmedizin.

Der kranke Mensch ohne Schmerzgedächtnis hat die warnenden Erfahrungen vergessen, aber für seinen Körper bleiben Gefahren und Belastungen wie Stress unverändert real. Mit dem generellen Gedächtnis gehen dem Hund leider auch Fähigkeiten verloren, sich an Schmerzen zu erinnern und sie realistisch einzustufen, sobald sie entstehen. Der Hund hat ebenfalls durch seine evolutionäre Prägung gelernt, dass Schmerzen seine Chancen auf Beute verringern und seine Lebensqualität beeinträchtigen.

Tiermediziner unterscheiden unter normalen Bedingungen Reaktionen auf Schmerz in drei Phasen: als Reflex, als tief im Bewusstsein gespeicherte Antwort und erst zuletzt bewusst. Der blitzartige Reflex ist immer mit einem Reiz und mit Stress verbunden. Tierpsychologen sprechen von abwehrender Aggression ohne klare Absicht oder Ziel: Ein Reiz kann das Tier veranlassen, zuzuschnappen … ohne besondere Beachtung der Schmerzquelle.

Solche Prozesse sind beim dementen Hund gestört.

Ein nicht erkannter, nicht behandelter Schmerz ist ein weiteres Gesundheitsrisiko für ein betroffenes Tier. Wiederholter oder chronischer Schmerz hebelt das natürliche System der Schmerzbeurteilung durch Nervenleistungen und Hormonausschüttungen immer stärker aus. Am Ende erleben einige Organe krankhafte Stresseinwirkungen, die nicht nur den Herz-Kreislauf belasten oder den Verdauungsbereich irritieren.

Besonders gefährdet sind ältere Hunden mit einer Demenzerkrankung, wenn wie beim betagten Menschen der Bewegungsapparat ständige Quelle von Schmerzen ist.

Einer von sechs Erwachsenen gibt die Einnahme von psychisch wirkenden Arzneistoffen zu, und auch das kann noch unterrepräsentiert sein. Andrerseits ist Tiermedizinern die zögernde Einstellung mancher Halter geläufig, wenn es um ihren Hund geht, einen bereits geschwächten Körper nicht auch noch durch chemische Schmerzmittel oder Psychopillen zusätzlich zu belasten. Das steht im Widerspruch zu den besonderen Sorgfaltspflichten, die Frauchen und Herrchen haben, wenn mentale Funktionen ihres vierbeinigen Gefährten versagen. Erkrankte Tiere reagieren jetzt anders oder gar nicht mehr gezielt. Ebenso wenig werden weitere Schmerzen vermieden.

Chronische Schmerzphasen sind lebensverkürzend. Die Gabe von Schmerzmitteln nach tiermedizinischer Anleitung ist praktizierte Nächstenliebe.

Anzeichen für nicht ersichtliche Schmerzempfindungen können stark variieren: Wer denkt dabei beispielsweise an Schmatzen? Hecheln, die häufige Veränderung der Lage, vernehmliches Stöhnen sind sehr viel leichter richtig zuzuordnen. Das Tier verrät seinen Zustand auch durch Bewegungen, die wie kraftlos wirken, durch in der Schmerzabwehr aufgezehrte Energie und an mangelndem Appetit.

Gehirn – das unbekannte Organ

Wesentliches Symptom des kognitiven Dysfunktionssyndroms ist die Alzheimererkrankung. Ähnlichkeiten zwischen Mensch und Hund diesbezüglich sind nicht wirklich überraschend. Aber nur wenige wissen, dass sowohl das Einsetzen als auch der Verlauf einer Hunde-Demenz größtenteils mit jener des Menschen übereinstimmt.

Wir Menschen gewöhnen uns langsam daran, dass wie in allen vergleichbaren Nationen auch in Deutschland etwa ein Achtel der Menschen über 65 wegen hirnorganischer Syndrome, Abbauprozesse und Gefäßerkrankungen im Gehirn behandlungsbedürftig ist. Ebenso viele leiden unter psychischen Beeinträchtigungen, endogenen Psychosen und Neurosen und funktionellen Störungen. Die zahlenmäßig bedeutendste Gruppe sind die demenziellen Syndrome. Sie werden von der Weltgesundheitsorganisation als erworbene Beeinträchtigungen der höheren Gehirnfunktionen eingestuft, einschließlich des Gedächtnisses, der Fähigkeit zur Lösung von Alltagsproblemen und die Störung sozialer Fertigkeiten wie Sinneswahrnehmungen, Kommunikation und Kontrolle der emotionalen Reaktionen.

Die errechnete Häufigkeit von Demenz verdoppelt sich bei uns etwa alle fünf Jahre und erreicht bei Männern und Frauen zwischen 65 und 69 Jahren ein bis vier Prozent. Bei den Achtzigjährigen und Älteren sind schon acht bis 15 Prozent erkrankt.

Zum Glück verfügt unser Organismus über zahlreiche Methoden, biologische Schäden selbst zu beheben, und seit einem Studienbericht aus der Harvard Medical School im März 2009 besteht die begründete Hoffnung, dass das auch für krankhafte Veränderungen der Neuhirnrinde gilt. Diese Region nimmt aktuelle Informationen und andere Daten auf und leitet sie weiterleitet, gleichzeitig wird ihre Substanz an Hand von Erinnerungen aus dem Gedächtnis eingeschätzt und bewertet. Während sich die Gehirnforschung der Bedeutung dieser Neuhirnrinde voll bewusst war, wurde lange Zeit akzeptiert, dass in diesem Zentrum der komplexesten mentalen Leistungen Nervenzellen nicht erneuerungsfähig sind. Schließlich gelang jedoch mittels Versuchen an Zebrafinken und Mäusen ein lange erhoffter Nachweis: Nach der Zerstörung von Neuronen des Neocortex durch Chemikalien wurde völlig überraschend und ohne erkennbares Zutun durch die Wissenschaftler die Teilung verbleibender Zellen und damit die Entwicklung neuer Gewebebestandteile beobachtet. Allerdings fehlt bis heute die Erkenntnis, auf welche Weise ein derartiger Prozess von Nachwuchs in der Neuhirnrinde gezielt gefördert werden kann.

Viele Erkenntnisse zur Gehirnforschung beim Menschen und sogar zum Gehirnschutz im Alter erreichen große Teile der Bevölkerung noch nicht. Am 10. Oktober 2016 meldeten beispielsweise die auch durch You Tube-Videos bekannten und international geachteten finnischen Wissenschaftler Dr. Miia Kivipelto and Dr. Jaakko Tuomilehto: Kaffee kann das Demenzrisiko eines Menschen verringern. Sie stützen sich auf die Beobachtung von 1.409 Personen über einen Zeitraum von 21 Jahren ab ihrer Lebensmitte. Alle erhielten eine niedrige oder moderate Menge Koffein täglich. Nur 61 erkrankten an Demenz. Das ist eine Reduktion von 65 Prozent gegenüber der statistischen Erwartung.

Das Alkaloid Koffein ist ein psychotropes Stimulans mit kurzzeitiger Wirkung auf das Nervensystem.

Diese Erkenntnis ist natürlich für Hundehalter wenig hilfreich in Bezug auf ihre Vierbeiner. Die finnische Studie gilt jedoch als weiterer Beweis, dass gewisse verzehrbare Substanzen grundsätzlich gehirnschützende Potenziale besitzen. Im Dezember 2016 ging in diesem Zusammenhang auch der Konsum von hochwertigem Milcheiweiß mit positiven Ergebnissen aus einer Langzeitstudie hervor. Immerhin sind es ja auch spezielle Proteine, also Eiweiße, in der Nervenzelle, die sich im Krankheitsfall in Tau-Fibrillen oder Amyloid-Plaques verwandeln …

Therapien

Die medizinischen Umstände bei Hunden sind durchaus ähnlich.

Fortschrittlich denkende Tiermediziner berufen sich bei dieser Annahme auf Langzeitstudien über biologische Prozesse im Hundegehirn. Einen sensationellen Beitrag zum Verständnis des Hundehirns lieferten im Februar 2014 die ungarischen Ethologen Attila Andics und Ádám Miklósi an der Budapester Eötvös Loránd Universität. Ihnen gelangen einmalige Aufzeichnungen bei Gehirnscans von elf Hunden, die nacheinander in der Röhre geduldig und ruhig sitzend MRI-Untersuchungen über sich ergehen ließen. Ihnen wurden etwa 200 Tonaufnahmen von Hundelauten - Bellen, Wimmern, Heulen - und menschlichen Stimmen vorgeführt. Die Untersuchungen zeigten, dass die durch diese Sinnesreize mittels eines stärkeren Blutstroms aktivierten Gehirnregionen genau jenen entsprechen, in denen bei uns Menschen die Stimmenwahrnehmung verarbeitet wird. Daraus wird abgeleitet: Auch andere Gehirnleistungen verlaufen vergleichbar ab.

Gehirnforscher sind sich deshalb sicher, dass für den gefährdeten Hund eine Futterumstellung auf der Basis dessen, was dem menschlichen Gehirn hilft, sehr zu empfehlen ist.

Weitere Untersuchungen belegen, dass mentale Stimulation zu den besten Präventionsmaßnahmen gezählt werden müssen. Körperliche Betätigung, soziales Engagement und anregende Aktivitäten erweisen sich nicht nur für die grauen und weißen Zellen im menschlichen Gehirn als wahre Wohltaten, sondern auch bei unseren vierbeinigen Gefährten. Für die Mensch-Tier-Beziehung bedeutet das: Zum Beispiel, das regelmäßige Gassigehen variieren und nicht stets den gleichen Weg wählen. Verhaltensforscher plädieren dafür, dass in den gemeinsamen Minuten mit dem Hund das Handy ausgeschaltet wird. Auch den Einsatz der Flexileine beurteilen sie eindeutig skeptisch.

Hundespielzeug sollte unbedingt unter dem Aspekt der Gehirnanregung ausgewählt werden. Der Handel hält wahre Hunde-Strategiespiele bereit. Zum Beispiel ein aktivierendes Brettspiel mit Kegeln, sowie mit Vertiefungen, die sich unter Klappdeckeln oder Schiebedeckeln verbergen. Erst nach Entdeckung und Bewältigung verschiedener Öffnungstechniken erreicht der Hund seine Belohnung. Auch Spielzeug, befüllbar mit Snacks, ist sehr empfehlenswert. Frauchen und Herrchen, die ihrem Liebling neue Tricks beibringen und ihn mit Puzzle-Spielen fordern, leisten seinem Gehirn einen enormen Dienst.

In diesem Zusammenhang muss auch die gehobene Hundeschule erwähnt werden. Das Erlernen von Aktivität, das Verstehen von Signalen, die

Anleitung zum Gehorchen, schärfen das Gehirn nicht weniger als jede Trickanwendung.

Fisch im Futter

Dass das Anti-Aging bereits im Mutterleib beginnt, ist eine populäre These der für den Menschen entwickelten Präventionsmedizin. Ähnlich lautet der Rat, womöglich schon den jungen Hund durch ausgewählte Gehirnnahrung besser auf das Kommende vorzubereiten. Einschlägige Studien untersuchten Effekte einer Hundediät, reich an Fisch im Futter. Grundlage war die Erkenntnis, dass etwa der Lachs aus dem Atlantik und der Hering in ihren öligen Molekülen eine hohe Dosis an mehrfach ungesättigten Säuren aufweisen, und zwar vor allem die Docosahexaensäure, abgekürzt DHA. Diese Mikronährstoffe aus der Gruppe der Omega3-Fettsäuren sind wichtige Bestandteile der Membrane von Nervenzellen. Bis zu 97 Prozent aller besonders wertvollen Omega3-Fettsäuren im Gehirn des Menschen und bis zu 93 Prozent in den Zellen unserer Netzhaut sind Fettsäuren der Kategorie DHA.

Wissenschaftler erkannten konkret, dass die in aller Regel in verzehrten Fischen enthaltene Omega3-Fettsäure der Kategorie DHA den Tieren zu höheren Ergebnissen bei Intelligenzaufgaben verhalf. Medizinische Test bestätigten eine verstärkte Leistung des Gehirns und auch der peripheren Nervensysteme im Körper des Prüflings. Der größte kognitive Gewinn war zu erzielen, wenn einer trächtigen Hündin in den letzten drei Wochen vor dem Wurf diese Fischöl-Fettsäure beigemischt wurde. Vermutet wird, dass ein Gehirn durch früher einsetzende Entwicklungsschübe zu größerer Reife kommt. Die meisten Sorten von käuflichem Hundefutter berücksichtigen das bereits.

Wissenschaftler fügen den Hinweis hinzu, dass bei Rohkost roher Fisch nur einmal pro Woche auf dem Speiseplan aufscheinen sollte, und zwar abgesichert durch die zusätzliche Gabe von Vitamin B1, Thiamin genannt. Denn roher Fisch kann zu einem Mangel an diesem Vitamin führen.

Oxidativer Stress

Veränderungen im Gehirn eines Hundes im Lauf der Jahre unterscheiden sich wenig von den Prozessen eines alternden menschlichen Gehirns. Bei beiden am meisten zu fürchten sind neben den erwähnten Anlagerungen von stark widerstandsfähigen Proteinen in erster Linie Gewebeschäden durch freie Sauerstoffradikale. Bei diesem so genannten oxidativen Stress handelt es sich mit großer Wahrscheinlichkeit um genau jene Vorgänge in den grauen und weißen Zellen, sowie den Gliazellen des Gehirns, die für die Hunde-Demenz verantwortlich sind.

Freie Sauerstoffradikale sind in erster Linie unkontrollierbare Moleküle, die in gewissem Ausmaß unvermeidlich als Nebeneffekt durch Störfälle während des ganz normalen Stoffwechsels entstehen. Er bedeutet vor allem die Umwandlung von Nahrung in Energie und in weitere lebenswichtige Substanzen wie Hormone und Botenstoffe. Die zufällig entstehenden fehlerhaften Moleküle - etwa ein bis vier Prozent aller Sauerstoffteilchen - haben eine ungerade Zahl von Elektronen und sind auf der Jagd, um bei anderen anzudocken. Im Erfolgsfall erzeugen sie ein neues freies Molekül - eine fatale Kettenreaktion. Zusätzlich und darüber hinaus werden die gleichen aggressiven Sauerstoffteilchen gezielt von der Krankheitsabwehr des Körpers gegen Bakterien, Viren und andere Erreger an aktuelle Gefahrenorte im Organismus konzentriert. Leider erweist sich der moderne Lebensstil ebenfalls als eine bedeutende Ursache der Entstehung und Freisetzung von derartigen aggressiven Molekülen. Dabei sind als verheerende Verstärker sowohl Umweltgifte und Chemikalien in unserer Nahrung, bestimmte Arzneistoffe, physiologische Belastungen wie Dauerstress, Elektrosmog oder erhebliches Übergewicht zu nennen. Besonders schlimm wirkt Zigarettenrauch.

Die Anti-Aging-Medizin basiert unter Anderem auf der Eindämmung, beziehungsweise Neutralisierung solcher Oxidationsstoffe und bedient sich dabei sehr erfolgreich vieler pflanzlicher Substanzen, die als antioxidativ eingestuft werden, weil sie freie Sauerstoffradikale weitgehend unschädlich machen. Auch in der Pflanzenwelt ist Oxidation durch eine aggressive Sauerstoffeinwirkung oder durch UV-Strahlung ein existenzielles Risiko, gegen das Pflanzen wirksame Schutzmoleküle entwickeln.

Wie weit diese aus der Humanmedizin bekannten Störfaktoren und ihre Gegenmaßnahmen auch im Dasein eines Hundes von Bedeutung sind, ist erst in geringem Umfang durch Studienergebnisse abgesichert. Das entspricht durchaus auch der Zurückhaltung, mit der die klassische Medizin vielen Thesen und Modellen der Anti-Aging-Medizin begegnet.

Forscher haben jedoch bereits wiederholt älteren Hunden Futter mit antioxidativen Nährstoffen verabreicht. Ihr Ziel war es, herauszufinden, ob auf diese Weise mit dem höheren Lebensalter begründete Funktionseinbußen irgendwie verbessert werden können. Hier gibt es konkret Ergebnisse aus Langzeitstudien, die belegen, dass spezielle Diäten mit hohem Gehalt an Folsäure und B6 sowie erwähnte Wirkstoffstoffe wie die Alpha-Liponsäure, L-Carnitin, Omega3-Fettsäuren, sowie Vitamin E und Vitamin C zusammen mit mentalem Training die Gehirnleistung des Hundes verbessern können.

Dabei gelangen sowohl aufregende wie hoffnungsvolle Entdeckungen. Auf der Grundlage ihrer antioxidativen Ernährung erzielte die Testgruppe bessere Ergebnisse als eine Kontrollgruppe ohne diese Unterstützung aus der grünen Apotheke der Natur.

Schüßlersalze, Homöopathie

Die Anhäufung von Säuren im Blut und in den Geweben ist in den meisten Fällen durch falsche Ernährung mit einem Überangebot an Lebensmitteln zu erklären, die nach Verzehr Säuren bilden. Nahrungsmittel mit einerseits hoher Kalorienlast und andrerseits geringem Anteil an wertvollen Nährstoffen können problematisch wirken, zum Beispiel stark gesüßte Industrieprodukte, Konservierungsstoffe, Emulgatoren und Stabilisatoren. Diese negativen Erfahrungen aus der Humanmedizin treffen zum Teil bei falscher Ernährung auch auf den Hund zu.

Der Zustand von Übersäuerung eines Organismus wird durch Entgiftung und Ausleitung von Schadstoffen vom Organismus selbst bekämpft. Die Überbelastung wird fast automatisch neutralisiert, indem aus Mineralspeichern im Körper wirksame Spurenelemente und Mineralien abgezogen werden. Dadurch entleeren jedoch diese Speicher, und Mineralstoffe werden beim nächsten Anlass fehlen. Diese Defizite müssen ausgeglichen werden.

Jede erfolgreiche Neutralisierung einer Übersäuerung benutzt zur Ausleitung von Toxinen und anderen Schadstoffen die Lunge, die Zunge oder den Verdauungstrakt und kommt den Stoffwechselprozessen, dem Hormonsystem und der Krankheitsabwehr zu Gute, nicht zuletzt auch durch eine bessere Durchblutung. Sie ist Voraussetzung für jede Heilmaßnahme.

Naturheilkundler verweisen auf Theorien, die wissenschaftlich nicht anerkannt sind. Sie versprechen sowohl Vorbeugung wie Therapiemöglichkeiten. Eine ist die Behandlung mit Schüßlersalzen. Diese Lehre geht auf den homöopathischen Arzt Wilhelm Heinrich Schüßler zurück. Er vertraute an Stelle von rund 1.000 möglichen Mitteln der Homöopathie auf zwölf hoch verdünnte Mineralsalzmischungen. Er glaubte, dass seine Salze bis in das Innere einer gestörten Zelle vordringen und jeden gestörten Mineralhaushalt als Grundlage von biochemisch fehlerhaften Prozessen wieder ins Lot bringen. Schüßlersalze aktivieren die Tätigkeit des Magens und Darms, der Leber und der Nieren, und ausgewählte Salze stärken die Bauchspeicheldrüse. Für das Haustier werden konkret sämtliche zwölf Salze, von Nummer 1 bis 12, in Betracht gezogen – jedes bei entsprechender Symptomatik mit spezieller Wirkung.

Auch die Homöopathie selbst wurde von ihrem Schöpfer Samuel Hahnemann bereits ausdrücklich als auch für Haustiere geeignet eingestuft. Dabei werden auf der Basis eines Ähnlichkeitsprinzips entsprechend vorhandener Symptome mit ausgewählten hochverdünnten Stoffen entsprechende Belastungen ausgelöst, um den Körper zu Heilreaktionen anzuregen. Für den Einsatz beim Hund werden vorsichtige Versuche mit niedrigen D-Potenzen empfohlen. Tropfen scheiden wegen ihres Alkoholgehaltes beim Hund aus. Als Alternative gibt es Homöopathie auch in Rohrzuckerkügelchen und in Milchzuckertabletten. Homöopathische Mittel vertragen sich in aller Regel mit anderen Arzneistoffen.

Anti-Demenz-Diät

Die Alzheimerabwehr setzt in aller Regel bei freien Sauerstoffradikalen an. Ältere Hunde zeigten bereits nach nur zwei Wochen Fütterung mit antioxidativ angereicherter Kost messbare Steigerung ihrer Gehirnleistung. Das betraf sowohl die Lernfähigkeit, als auch die Orientierung im Raum. Beide Funktionen gehen als erste beim kognitiven Dysfunktionssyndrom des Hundes verloren. Konkret konnten die Wissenschaftler faszinierende Einzelheiten messen und berichten.

An erster Stelle gelang das mit dem Genuss von Früchten und Gemüse reich an den Vitaminen E und C, an L-Carnitin und mit der Fettsäure Alpha-Liponsäure. Diese Fettsäure ist ein Nervenmittel der ersten Wahl, muss keinesfalls injiziert werden und ist in Tabletten und Kapseln erhältlich. Ihr klassisches Anwendungsgebiet sind Empfindungsstörungen beim Diabetes, wenn dauerhaft erhöhte Blutzuckerwerte vor allem die Zellen in feinsten Nervenbahnen schädigen.

Deshalb lag es nahe, diese Substanzen auch im Kampf um die Gesundheit des Hundegehirns einzusetzen, und es funktionierte.

An dieser Stelle lohnt sich ein Blick auf Ergebnisse mit Nahrungsergänzungsstoffen in der Präventionsmedizin, die im Bemühen um die Leistungskraft des menschlichen Gehirns bereits auf Erstaunliches verweisen kann. Stets handelt es sich um verzehrbare Substanzen, von denen viele entweder völlig oder in ausreichender Dosis in der täglichen Ernährung fehlen.

Spitzenreiter unter den Gehirnrettern und Anti-Schlaganfall-Substanzen sind Vitamin B1, Vitamin B2, Vitamin B6, Vitamin B12, Vitamin E, Folsäure, Pantothensäure, Vitamin C, Vinpocetin, Inositol-Hexanicotinat, Inositol-Hexaphosphat, Cholin, Dimethylaminoethanol, Huperzin A, Ginkgobiloba-Extrakt, Acetyl-L-Carnitin, Phosphatidyl-Serin, Alpha-Liponsäure, Resveratrol, Ingwer, Grüner Tee-Extrakt, Chitosan und Panax ginseng-Extrakt (Quelle: „Die Gehirn-Retter", Autoren: Dr. Jan-Dirk Fauteck, Imre Kusztrich).

Unter den B-Vitaminen hebt sich Folsäure, nach lateinisch folium für Blatt, in grünen Pflanzen positiv ab. Dieses auch als B9 geführte Vitamin hat in einer 10-Jahres-Studie an 1.321 älteren Teilnehmern jene mit dem höchsten Folsäureanteil in der Ernährung am stärksten vor einer Demenzerkrankung bewahrt (Quelle: Centre-Bordeaux Population Health, Universität Bordeaux, Frankreich, September 2016).

Die universitäre Medizin bleibt bei solchen optimistischen Einschätzungen meistens weit zurück.

Die europäische Nahrungssicherheitsbehörde EFSA konnte sich im Juli 2015 beispielsweise nur mit Mühe durchringen, für das Vitamin B12 eine tägliche Mindestmenge, vier Mikrogramm, zu empfehlen und erntete heftige Kritik wegen drohender Unterversorgung. Vor allem viele ältere Erwachsene haben nach diversen Magenerkrankungen hohe Absorptionsschwierigkeiten, was zu einem weit verbreiteten Vitamin B12-Mangel führt.

Futter für das Gehirn

Im Umgang mit pflanzlichen Mikronährstoffen dürfen Sie gerne darauf vertrauen, dass bereits geringe Mengen einen Unterschied ausmachen werden. Dieser Umstand erleichtert es, einem von kognitiver Dysfunktion bedrohtem Hund auch die günstigen Wirkungen von Obst und Gemüse zuteilwerden zu lassen. Im Idealfall sollten farbenfrohe Früchte und andere Pflanzenprodukte etwa ein Zehntel der täglichen Futterrationen ausmachen. Es sind die Farbstoffe, die den größten antioxidativen Effekt einbringen. Sie heißen Anthocyanide und geben den Blaubeeren, dem Spinat, der Karotte und der Tomate ihre unverwechselbare Identität.

Der Magen und der weitere Verdauungsapparat des älteren Hundes sollten nicht überfordert werden – und er muss es auch nicht. Sie können getrost sehr behutsam und geduldig vorgehen und nach und nach diese vegetarische Komponente eines Hundefutters einsetzen.

Aus einer Fülle von Erfahrungen kristallisierten sich darüber hinaus auch schon einige konkrete Spezialempfehlungen für den vierbeinigen Gefährten heraus:

Wenn das gewöhnliche Futter für den geliebten vierbeinigen Gefährten nicht ausreichend Vitamin E enthält, sollten einem kleinen Hund 100 IU Vitamin E täglich und einem großen Hund 400 IU Vitamin E verabreicht werden.

Dieser Vitalstoff ist fettlöslich und reichert sich im Fettgewebe an. Eine Dosierung über die genannten Mengen hinaus ist aus diesem Grund zu vermeiden.

Im Vergleich dazu kann mit Vitamin C durchaus unbesorgt umgegangen werden. Diese Substanz löst sich im Wasser auf, wird regelmäßig und leicht ausgeschieden, und eine Überversorgung kann nicht akkumulieren. Erst extrem hohe Zufuhrmengen könnten sich problematisch auf die Gesundheit eines Hundes auswirken. In diesem Sinne ist dieses Vitamin sehr sicher. Dennoch macht es Sinn, die tägliche Gabe je nach Größe des Hundes auf 50 bis 100 Milligramm Vitamin C zu beschränken.

Vitamine und weitere Mikronährstoffe funktionieren als Co-Enzyme oder als Partner von Co-Enzymen und steuern lebenswichtige physiologische Prozesse im Körper. Wachstum, Stoffwechsel und Reparatur zählen zu den wichtigsten. Während sie buchstäblich jedes Organ unterstützen, wird selten an ihre herausragende Rolle in den Gehirnfunktionen erinnert.

Es liegt nahe, in der Therapie nach hier beschriebenen möglichen Anleihen in der Humanmedizin zu suchen. Vorweg sei jedoch gewarnt: Die interessanten und begründeten Prinzipien der Präventionsmedizin, der Anti-Aging-Medizin oder der Altershemmung werden von mächtigen Wettbewerbern und Gegnern aus materiellen Gründen kontrovers beurteilt und zum Teil heftig bekämpft. Von der Pharmaindustrie, von den Lebensmittelherstellern und nicht zuletzt von der Politik für Landwirtschaft, Gesundheit und Verbraucherschutz, die von ihren Versäumnissen ablenken muss. Davon abgesehen, ist Vorsorge eine Selbstzahlermedizin. Ein leichter Zugang zu einem sinnvollen Einsatz längst bewährter Mikronährstoffe bleibt Millionen Älteren nach wie vor verwehrt, nicht zuletzt weil Lobbygruppen sehr stark die öffentliche Meinung und die politischen Strategien mitbestimmen. Dieser Stimmungsmache kann sich auch die Veterinärmedizin nicht leicht entziehen.

Mentale Stimulierung

Eine sinnvolle Ergänzung betrifft nicht nur das Futter in Gestalt von Kalorien und Mikronährstoffen, sondern auch die mentale Stimulation der Gehirnebene des Hundes. Hier heißt sie Förderung. Die Ergebnisse waren noch besser, wenn die Anti-Demenz-Diät mit wissenschaftlich begründeter mentaler Stimulierung verbunden wurde. Als sehr hilfreich erwiesen sich verschiedene Aktivitäten, beispielsweise abwechselnde Spaziergänge, das Zusammenleben mit einem weiteren Hund, und professionelles Tiertraining. Gemessen wurden die Fähigkeiten der Hunde. eine ungewohnte Situation zu meistern, sich im Raum zurechtzufinden, Objekte zu erkennen oder zwischen Gegenständen zu unterscheiden.

Auch in dieser Frage können Frauchen und Herrchen von einschlägigen Studien profitieren. Wir Menschen haben kaum eine Vorstellung davon, wie oft unser schlauer und offensichtlich mit der Gabe des Vorausschauens und Einfühlens gesegneter Hund auf die Notwendigkeit angewiesen ist, eine Begabung einzubringen, die als Problemlösungskapazität bezeichnet wird. Es besteht kein Zweifel, dass ähnlich wie beim Menschen ein derart leistungsfähiges Gehirn, wenn es unterfordert wird, allmählich seine höheren Potenziale verliert.

In diesem Sinne ist jede Form der mentalen Stimulation dem allerwertvollsten Leckerli gleichzusetzen. Jedes Fordern und Fördern bremst den neurologischen Abfall der Gehirnfunktionen.

Bereits überraschende Variationen der täglichen Gassirouten schlagen positiv zu Buche. Der Verzicht auf das Handy in den wenigen Minuten, die den Hund in den Mittelpunkt setzen, wurde bereits angemahnt. Auch die unpersönliche Flexileine wäre zu überdenken.

Ein Sprichwort besagt, dass ein alter Hund keine Tricks lernt – das ist definitiv falsch. Wenn das dennoch die Regel ist, so liegt es zum Teil an Frauchen und Herrchen. Produkte etwa mit Schiebern oder Klappen, die einen Gegenstand verbergen, oder witzig ausgedachte Behälter, in denen ein kleiner Snack versteckt ist, erwerben sich allmählich den ihnen zustehenden Anteil im umkämpften Markt für Hundespielzeug. Geeignet sind alle Gegenstände, die den Hund verleiten oder zwingen, eine Aufgabe zu lösen, für die am Ende eine Belohnung winkt. Eine besonders nachhaltige Wirkung zeigt der Einsatz von Gehirnspielzeug, wenn er bereits in den ersten Lebensmonaten beginnt. Für den ausgewachsenen Hund entfalten jedes spezielle Trainingsprogramm, jedes Gehorsamkeitstraining, jede Trickschule und jede Art von sportlicher Betätigung stimulierende und schützende Wirkungen, die sehr lange anhalten können.

Warten Sie also nicht, bis Ihr Hund vergisst, dass er eben schon gefressen hat, oder gar im Haus die Treppe herunterstürzt, oder ob er eine bereits ausgeprägte kognitive Dysfunktion hat oder erst erste Anzeichen wie beginnende Schlafstörungen und scheinbar unbegründetes Bellen zeigt, helfen Sie ihm rechtzeitig. So bewahren Sie ihn vor diesen traurigen Erfahrungen oder bremsen zumindest den Verlauf der Entwicklung.

Spätesten beim frühesten Verdacht auf ein kognitives Dysfunktionssyndrom sollte das Futter umgestellt werden.

Unsere Haustiere leben in geschützten Verhältnissen lange genug, um Einbußen ihrer kognitiven Fähigkeiten zu erleben. Doch auch Tiere in freier Wildbahn zeigen ähnliche Altersprozesse. Dort können sie mit irgendeiner Form von Demenz jedoch nicht lange weiterexistieren. Denn bereits Zahnschäden, kaputte Hüften und Arthritis sind fast immer Todesurteile. Das Magazin „National Geographic" zitierte die Fachzeitschrift „Ageing Research Reviews", wonach 175 verschiedene Tierarten Anzeichen von kognitiver Dysfunktion entwickeln. Am stärksten gefährdet sind der Hirsch, das Dickhornschaf, die Bergziege und unter den Seevögeln der Albatros.

Wirkstoffe auf Rezept

Die Veterinärmedizin hat sich darauf eingestellt, dass die Schnauzen ihrer Sorgenkinder immer grauer werden. Die hinzugewonnene Lebenserwartung hat auch die Wahrscheinlichkeit von altersbezogenen Krankheiten wie Senilität erhöht. Ein oder zwei Hinweise auf kognitive Störungen lassen jedoch noch kein endgültiges Urteil zu. Eine mangelnde Begrüßung von Frauchen oder Herrchen kann durch verborgene Schmerzen beeinflusst sein, und selbst bei scheinbar typischen Symptomen auf Demenz wie ins Leere Starren oder zielloses Herumirren kann der Tierarzt auf eine andere Ursache schließen. Darüber hinaus können besonders das Hörvermögen und das Sehen im hohen Alter auf andere Weise krankheitsbedingt sein. Deshalb muss sich die genaue Untersuchung konzentriert auf den Symptomkomplex Desorientiertheit richten.

Eine große Hürde bei dem Bemühen, den optimalen Einstieg in eine Behandlung mit verschreibungspflichtigen Medikamenten nicht zu verpassen, ist eine Diagnosestellung mit Abgrenzung krankhafter Prozesse zu normalen altersbedingten Veränderungen.

Medikamentenhersteller unterstellen bis zu 62 Prozent von Hunden im Alter von sieben bis elf Jahren und älter ein kognitives Dysfunktionssyndrom, verweisen auf ihr jeweiliges Spezialpräparat und sprechen von Hoffnung. Dem Besitzer sollten jedoch mehrere Fakten bewusst sein. Vor allem, dass es sich um eine Erkrankung handelt, die sich fortlaufend verschlechtert. Oberstes Ziel kann nur eine Verlangsamung des diagnostizierten Geschehens sein. Mit den Rezepten der universitären Veterinärmedizin lassen sich einige Symptome nur in vereinzelten Ansätzen zeitlich begrenzt verbessern.

Ähnlich wie in der Humanmedizin macht beispielsweise auch beim älteren Hund eine generelle Verbesserung der Durchblutung großen Sinn, weil vor allem das Gehirngewebe enorm profitieren kann. Ein spezieller Wirkstoff, Propentofyllin, erhöht den im Alter schwindenden Baustein im Energiestoffwechsel Adenosin. In Untersuchungen wurde über eine Verbesserung der Gehirnfunktionen sowie über die Unterstützung weiterer Organe ein Nachlassen der kognitiven Leistungen gebremst, was sich beispielsweise auch in einem besseren Appetit wiederspiegelte – wer wollte das seinem vierbeinigen Gefährten vorenthalten?

Auch entzündungshemmende und schmerzbefreiende Arzneien können in der Behandlung des kognitiven Dysfunktionssyndroms ihre Bedeutung haben.

Auch wegen solcher Teilerfolge überwiegt die Einstellung, dass mit einer Behandlung in jedem Fall schon bei leisestem Verdacht und so früh wie möglich begonnen werden soll. Der Tierarzt wird aus diesem Grund vielleicht tatsächlich nicht lange zögern, ein Rezept auszustellen. Aber die mit den verfügbaren und verwendeten Wirkstoffen zu erzielenden Ergebnisse rechtfertigen große Hoffnungen nicht. Es sind im Kern meistens Psychopillen. Sie nehmen jedoch wenig Einfluss auf das Leistungspotenzial des Gehirns. Die Medikamentenhersteller konzentrieren sich auf das Machbare, und das bedeutet: Sie versuchen, dem Tier Begleiterscheinungen der erschwerten Lebensverhältnisse erträglicher zu machen, und zwar mit Konzentration auf die zunehmende Verängstigung und Unsicherheit.

Neben dem Rückgriff auf die Pharmakologie kann dem Tier auch mit einer Verhaltenstherapie geholfen werden.

Unterm Strich kann eine gelungene Anpassung der Zufuhr von Nährstoffen die besten Resultate bewirken.

Hundebesitzer sind angesichts eines erkennbaren Leidens ihres vierbeinigen Gefährten hoffentlich frei von Vorurteilen gegen Psychopharmaka, wie sie in weiten Teilen der Bevölkerung bestehen. Auch die ansonsten als seriös redigierte Wissenschaftsseite der Frankfurter Allgemeinen Zeitung musste sich im Januar 2015 nach einem eher in der Boulevardpresse erwarteten Beitrag; „Wenn Psychopillen das Gehirn schrumpfen lassen" mit heftiger Kritik auseinandersetzen. In der Humanmedizin haben Antipsychotika und Neuroleptika seit 60 Jahren in der Therapie von Patienten mit Psychosen, Verfolgungswahn und Halluzinationen eine Bedeutung, auf die niemand mehr verzichten möchte. Viele kritische kommentierte Ergebnisse stammen aus Studien mit methodischen Mängeln, auch solche, die den Eindruck erwecken, dass der allmähliche Verzicht auf Psychopharmaka (Zitat aus der FAZ: „frühe, flexible Dosisreduktionen und ein ärztlich überwachtes Absetzen der Antipsychotika") den Patienten gut tut.

Die medikamentöse Behandlung mit Antipsychotika kann ein Grundpfeiler der Hunde-Therapie sein. Viele Anzeichen unterstreichen, dass der vierbeinige Gefährte mit starker Depression zu kämpfen hat. Der Hund ist von Natur aus ein Rudeltier. Da der Vierbeiner beim Menschen Schutz und Nahrung findet, nimmt er ihn als Rudelführer an. Die Aufgabe eines jeden Rudelmitglieds ist es, das gemeinsame Territorium zu verteidigen. Der Hund spezialisiert sich darauf, ungewohnte Geräusche oder fremde Personen anzuzeigen. Die aktive Verteidigung überlässt er meistens dem Rudelführer. Mit zunehmendem Verlust kognitiver Funktionen erkennt der Hund immer noch, dass er den von ihm zu erwartenden Beitrag nicht mehr leistet. Das verursacht Niedergeschlagenheit und Verunsicherung.

Angesagt sind auch Arzneistoffe, mit denen dem Tier eine vermutete Angst genommen werden kann.

Auch artspezifische Duftstoffe, Pheromone, können eine erregte Stimmungslage wieder dämpfen. Das erinnert an die immense Bedeutung des olfaktorischen Systems für den Hund, während die Katze im Wesentlichen ein sehendes Lebewesen ist. Die Wissenschaftlerin Dr. Alexandra Horowitz vertritt die interessante These, wonach der extrem ausgeprägte Geruchsinn dem Hund die Uhr ersetzt. Am nachlassenden Geruch des abwesenden Frauchens oder Herrchens kann er offensichtlich den Zeitpunkt von deren Wiederkehr erahnen. Anregungen des Gehirns über den Geruchssinn mit beruhigenden Effekten können doppelte Weise sinnvoll sein (Quelle: „Inside of A Dog", Alexandra Horowitz).

Die erste Wahl wird aber häufig eine Psychopille sein, die den Arzneistoff Selegilin enthält. Durch eine hemmende Wirkung wird eine Erhöhung von Stoffen erzielt, mit denen Nervenfunktionen angeregt werden. Es handelt sich um Monoamine und Catecholamine, deren Gruppe die erregenden Neurotransmitter Noradrenalin, Adrenalin und Dopamin umfasst. Ein Abfall der Catecholamine und eine damit begründete Einbuße an Nerventätigkeiten im Zentralen Nervensystem zählen zu den klinisch nachweisbaren Faktoren eines kognitiven Dysfunktionssyndroms. Dopamin wird wie das Hormon Serotonin als Glückshormon bezeichnet wird.

Als maximale Dosierung wird ein halbes Milligramm Selegilin je Kilo Körpergewicht angesehen. Idealer Verabreichungszeitpunkt ist am Morgen. Etwa sieben von zehn Hunden sollen nach einer einmonatigen Gabe Merkmale der Besserung zeigen.

Auch in der Humanmedizin wird Selegilin gelegentlich eingesetzt.

Hinweis: Selegilin soll niemals mit weiteren Psychopharmaka kombiniert werden, vor allem nicht mit Wirkstoffen zur Verstärkung des Serotoninspiegels oder mit grundsätzlich weiteren hemmenden Effekten. Konkret wird vor gleichzeitigen blutdrucksteigernden, herzstimulierenden, appetithemmenden oder bronchienerweiternden Substanzen gewarnt.

In einigen fortschrittlichen Studien haben sich Derivate der Aminosäure Methionin, beispielsweise das S-Adenosylmethionin, bewährt. Gemeinsam mit bestimmten Enzymen verstärken sie die Effizienz von sehr wichtigen Nervenbotenstoffen der Kategorie Neurotransmitter, etwa Adrenalin oder Acetylchlorin.

Anhänger der Ayurvedamedizin berichten von guten Ergebnissen bei ihrem dementen Hund mit Pflanzenstoffen, denen eine Leistungssteigerung des Denkvermögens, sowie des Kurzzeitgedächtnisses und des Langzeitgedächtnisses zugeschrieben wird. Dazu zählt beispielsweise die unscheinbare Kriechpflanze namens Fettblatt oder Wasserysop, botanischer Name Bacopa monnieri, Ayurvedaname Brahmi. Eine ähnliche Pflanze, Gotu Kola, auch Mandookaparni genannt, genießt auch unter der botanischen Bezeichnung Centella asiatica besonders hohes Ansehen als Nerventonikum. Dieses Doldengewächs mit dem westlichen Namen Asiatischer oder Indischer Wassernabel enthält verschiedene Säuren und Brahmosid und soll auch das Hautwachstum fördern.

Auch die antioxidative Milchdistel wird in verschiedenen Blogs gelobt, da sie außerdem die Leber entgiftet, was vor allem beim Diabetes sehr hilfreich ist.

Das demente Gehirn hat fast immer mit Oxidation durch freie Sauerstoffradikale zu kämpfen. Hier führt am hochgradig wirksamen Schutzstoff Fischöl oder an jeder anderen Quelle für Omega3-Fettsäuren kein Weg vorbei.

Was Hundefreunde empfehlen

Gemessen an der großen Verbreitung des kognitiven Dysfunktionssyndroms ist es keine Überraschung, dass positive Erfahrungsberichte und hilfreiche Tipps auch sehr ungewöhnliche Inhalte haben können.

Auf fluoriszierende Lampen oder Neonröhren sollte demnach verzichtet werden. Sie erzeugen ein Hochfrequenzbrummen, das auch der schwerhörige Hund noch wahrnehmen kann. Das sollte ihm jetzt erspart werden.

Trockenfutter gilt in der Chinesischen Medizin als zu stark prozessiert und könnte geschwächte Hundenieren zusätzlich anstrengen. Durch ein Nierenversagen im Alter gerät das Prinzip Wasser gegenüber dem Prinzip Feuer, repräsentiert durch das Herz, ins Hintertreffen. Angstzustände sind die Folge. Besonders zwischen 23 Uhr und ein Uhr nachts schwächelt das Prinzip Yin und ein übermächtiges Yang erschwert den Schlaf.

Kleine Mahlzeiten, vor allem die letzte des Tages kurz vor dem Schlafen zubereitet, lässt den Vierbeiner die Nacht besser ertragen.

Tropfen aus der Bachblütentherapie, die immerhin von einem Arzt namens Dr. Edward Bach entwickelt wurde, sind in England und Irland sehr geschätzt und gewinnen auch bei uns an Beliebtheit. Den etwa 900 Anwendungen mit emotionaler Zielsetzung oder zur Verhaltensänderung wurde auf der Insel auch das Canine Cognitive Dysfunctional Syndrome, oder CCDS, wie das kognitive Dysfunktionssyndrom des Hundes in der Wissenschaft heißt, hinzugefügt. Drei bis vier Tropfen einer Essenz im Trinkwasser sind einen Versuch wert.

Nicht als Witz gedacht ist die Idee, den Hund mit einem T-Shirt oder Hemd zu bekleiden. Das Textil verleiht ihm vielleicht ein Gefühl von Schutz und vermittelt ihm ein Bewusstsein für den Körper, das vielleicht verloren gegangen ist. Ein beruhigender Effekt wurde erstmals an jungen Hunden mit Angstgefühlen entdeckt.

Davon kann auch das erschwerte Regulierungssystem seiner Körpertemperatur profitieren. Möglicherweise braucht der Hund jetzt einen wärmenden Pullover oder einen Schlafplatz näher an der Heizung.

Das Mutterhormon der Chronobiologie, Melatonin, kann helfen, die Schlafqualität eines Hundes zu verbessern, der Schwierigkeiten hat, Tag und Nacht zu unterscheiden. Gute Ergebnisse sind von der nächtlichen Gabe von bis zu drei bis vier Milligramm dieses verschreibungspflichtigen Hormons für einen mittelgroßen Hund zu erwarten.

Sprechen Sie beruhigend mit dem

Hund. Während er altert, wird ihm schmerzlich bewusst, dass er seine Beschützerrolle für Frauchen oder Herrchen und für das ganze Haus nicht mehr in vollem Umfang erfüllen kann. Das kann eine Quelle von Angstzuständen und Unruhe sein. Machen Sie ihm freundlich bewusst, dass Sie seine Veränderungen und seine neue Rolle in Ihrem Haushalt voll akzeptieren.

Vier Hauptrisiken

Besonders schwierig ist es, sich medikamentös erfolgreich mit erkennbaren physiologischen, irreversiblen und neurodegenerativen Veränderungen zu befassen, die bei der Alzheimererkrankung des Menschen oft nachweisbar sind und auch beim Hund vorkommen.

Allmählich kristallisieren sich bis zu vier Risikokomplexe für das ältere Gehirn heraus:

- Aggressive Sauerstoffradikale schädigen gesunde Gehirnzellen.
- Das Gehirn leidet unter schlechter Durchblutung.
- Das Zusammenspiel der Neurotransmitter ist gestört, weil einige fehlen oder andere zu stark dominieren.
- Infiltrate wie die Substanzen der Beta-Amyloid-Plaques oder bestimmte flüssige Fette zerstören allmählich gesundes Gehirngewebe.

Der erstgenannte Faktor, der so genannte oxidative Stress, wird von vielen immer noch negiert oder bagatellisiert. Er resultiert aus der Anhäufung von Schadensfällen durch freie und unstabile Sauerstoffradikale im Körper, die nicht durch Antioxidanzien neutralisiert werden. Dieser negative Einfluss nimmt im Alter eher zu. Das Gehirn ist besonders anfällig.

Die universitäre Medizin sieht beim Auftreten von Demenz in erster Linie neben den Plaques aus Amyloiden auch wachsartige Abfallmoleküle aus den in den Nervenzellen stattfinden Stoffwechselprozessen als die Schuldigen an, zum Beispiel Ablagerungen aus Fetten und durch freie Sauerstoffradikale veränderte Eiweißen, Ceroid-Lipofuszine genannt. Es handelt sich um nicht abbaufähige und nicht weiter verwertbare Abfallstoffe. Bei fortschreitender Anhäufung innerhalb von Zellen kommt es allmählich durch eine Art von Vergiftung zum Sterben gesunder Zellen, also zu deren Untergang. Bekannt sind mehrere Gruppen dieser gelb-braunen Alterspigmente in verschiedenen Geweben. Zum Beispiel beginnen im Auge, sobald sie sich als zusätzliche Schicht auf den Augenhintergrund legen, Prozesse des Erblindens. Als neuronale Ceroid-Lipofuszinose wird eine übermächtige Akkumulierung innerhalb von Gehirnzellen bezeichnet.

Beim Menschen sind die einzelnen Entwicklungsstufen genau erforscht. Nach zunehmender Sehschwäche ist durch Schädigung der Netzhaut die vollständige Erblindung vorprogrammiert. Parallel dazu treten Epilepsie, der Verlust von motorischen und kognitiven Fähigkeiten und die Demenz auf.

Amyloidthese in der Diskussion

Seit Jahrzehnten wird vor allem bei Menschen über 65 als am wahrscheinlichsten angesehen, dass die so genannten Amyloid-Plaques-Ablagerungen der wesentliche Faktor bei der Entstehung des kognitiven Dysfunktionssyndroms sind. An und für sich sind Amyloide sehr wichtige Eiweiße, die in der Reizweiterleitung innerhalb einer Nervenzelle gebraucht werden. Gefährlich werden sie erst, wenn sie im Raum zwischen einzelnen Zellen, also extrazellulär, als abnorm veränderte Eiweiße in Form winziger Fasern eingelagert werden. Das passiert generell in den meisten Weichteilen unseres Körpers, auch im Herz, in den Nieren, in der Prostata und im Magen-Darmbereich. Ursache sind sehr unterschiedliche Stoffwechselstörungen, so dass parallel zu diesen krankhaften Ablagerungsprozessen oft auch einzelne Organe chronisch angegriffen werden. Bei Alzheimer ist beispielsweise eine auffällige Amyloidanhäufung im Herzgewebe keine Überraschung.

In den Geweben der Nervenbahnen führt eine solche Amyloidose sowohl zu schweren Funktionsstörungen, wie auch in den Nerven der Gliedmaßen zu sehr schmerzhaften Empfindungen bei Bewegungen. Überall im Körper sind die Symptome unterschiedlich: Der Magen wird nicht entleert, so dass ein falsches Sättigungsgefühl entsteht. Im Darm treten Blähungen, Schmerzen und andere Unregelmäßigkeiten auf. Wenn die Amyloidose das Gehirn erreicht, droht die Demenz.

Erst im November 2016 erlebte die Forschung in der Humanmedizin einen starken Dämpfer in der Hoffnung, durch medikamentöse Beseitigung von Amyloidanhäufungen im Gehirn kognitive Funktionen vor dem weiteren Verlust zu retten. Im so genannten „EXPEDITION3"-Test erhielten 2.129 Patienten mit Amyloid-Plaques durch Zufallgenerator ausgelöst entweder 80 Wochen lang einen flüssigen Medikamentenwirkstoff oder eine Placebosubstanz. Es konnte bei diesen Menschen mit milder Form von Alzheimer ein Fortschreiten im Vergleich zu einer Placebogruppe fast nicht erkennbar besser gebremst werden, in Zahlen ausgedrückt vielleicht um elf Prozent. Der Hersteller des geplanten Medikaments sprach von einer großen Enttäuschung für Millionen Menschen, die auf einen hilfreichen Wirkstoff warten. Das Versagen nährte Zweifel an der Amyloidthese generell. Doch möglicherweise wurde das Präparat Betroffenen zu spät gegeben, denn bei allen Teilnehmern an diesem Test war ein positiver Gehirnscan als Beweis für Ablagerungen Voraussetzung.

Als Folge wird sich neue Hoffnung auf eine weitere Therapiemöglichkeit konzentrieren, nämlich auf die Reparatur der so genannten Tau-Fibrillen. Dabei handelt es sich um ebenfalls unauflösliche, gedrehte Fasern aus Eiweißen im Innern von Hirnzellen. Sie bilden im gesunden Zustand die Struktur von Miniröhrchen für den Transport von wichtigen Substanzen und Nährstoffen von einer Nervenzelle zur nächsten. Bei Alzheimerpatienten brechen diese Röhrchen zusammen, und nicht versorgte Neuronen sterben ab.

Hinweis und Hoffnung für Frauchen und Herrchen

Das eigentlich enttäuschende minimale „EXPEDITION3"-Testergebnis wurde von Teilen der universitären Medizin dennoch als Alzheimer-Hoffnungsstrahl („Financial Times") gefeiert. Doch eine gemeinnützige Gesundheitsorganisation in der South Bronx, New York City, „Health People", konterte mit dem Vorwurf: „Die Alzheimer-Verhütung wird nicht finanziert" (Alzheimer's: prevention is not being funded, Financial Times, 03. Dezember 2016). Die Verantwortlichen verwiesen auf Erkenntnisse von 2014, die teilweise auch für die Besitzer eines Hundes von Wert sind: Ein so genanntes komplexes Vorgehen konnte bei neun von zehn Alzheimerpatienten eine signifikante Umkehr des Gedächtnisverlustes bewirken (Quelle: Mary S Easton Center for Alzheimer's Disease Research, University of California in Los Angeles, Buck Institute for Research on Aging). Erreicht wurde dieses Ziel durch ein umfassendes Programm aus wichtigen Veränderungen in der Ernährung, aus vermehrter körperlicher Betätigung, aus Stressabbau, aus dem Einsatz von Mikronährstoffen, sowie mit genereller Nahrungsergänzung durch ausgewählte essbare Substanzen.

Während also die Pharmariesen den einen Schuldigen suchen und in den Kampf gegen Amyloid-Plaques bereits eine Milliarde U.S.-Dollar investiert haben, verfolgen die Anhänger des komplexen Vorgehens parallel mehrere mögliche Ursachen für kognitiven Verlust. Sie verweisen zum Beispiel auf die Statistik, wonach Patienten mit Diabetes eine um 39 Prozent erhöhte Demenzwahrscheinlichkeit haben. Bereits Prädiabetes ist ein Risiko. Eine Zuckerkrankheit ist aber zu 60 Prozent durch die Reduzierung des Gewichts um fünf bis sieben Prozent verhütbar (National Diabetes Prevention Program, NDPP). Die „Health People" fordern vergeblich die Übernahme von Kosten für professionelle Ernährungsberatung von Hochrisikogruppen. Zu Unrecht wird von Gegner solcher Überlegungen unterstellt, dass unter Demenz Leidende komplizierte Regeln gar nicht einhalten können und ihre Lebensweise nicht ändern wollen.

Reduzierter Energiebedarf

Allererste Verpflichtung seitens Frauchen oder Herrchen ist die regelmäßige Inspektion des vierbeinigen Gefährten, der in die Jahre kommt, durch einen Arzt. Die damit verbundenen Kontakte werden auch das Wissen um die sich mit der Zeit verändernden Bedürfnisse in Bezug auf Nährstoffe vermehren. Während Hunde in aller Regel ihr Dasein etwa ab dem siebenten Lebensjahr etwas ruhiger gestalten, werden mit Vorliebe durchaus ältere Hunde in Untersuchungen über die richtige Ernährung für eine graue Schnauze eingebunden.

Die Ergebnisse überraschen einen Hundebesitzer nicht wirklich, verdienen aber dennoch, erwähnt zu werden. Vor allem die Abnahme der so genannten Magermasse aus Muskulatur, Stützgewebe und Haut verringert den Erhaltungsbedarf an Energie. Auch weil sie sich weniger bewegen und ihr Stoffwechsel mit geringerer Geschwindigkeit abläuft, brauchen sie weniger Kalorien. In einer Studie mit Englischen Settern, Deutschen Schäferhunden und Zwergschnauzern wurde der Energiebedarf von elf Jahre alten Hunden gegenüber Dreijährigen um etwa 25 Prozent vermindert. Die meisten Vergleiche nennen jedoch nur eine Abnahme um die 18 Prozent.

Wenn die Energiezufuhr den Aufwand übersteigt, nimmt das Tier zu. Selbst eine verhältnismäßig geringe Menge an zusätzlichem Körpergewicht erhöht bestimmte Krankheitsrisiken. Deshalb wird bei älter werdenden Hunden immer zu einem erhöhten Faseranteil im Futter geraten, der nicht in Energie umgewandelt werden kann, bei gleichzeitiger Verringerung der Anteile von Fett und anderen Energieträgern. Das übergewichtige Heimtier erkrankt im fortgeschrittenen Alter in der Regel am Diabetes oder an Osteoarthritis. Beim Vorliegen einer Zukkerkrankheit droht konkret der Gehirndiabetes, der zur Zerstörung von grauem und weißem Gewebe und von Gliazellen in den verschiedenen Gehirnregionen führt.

Wieder liefern Erkenntnisse aus der Anti-Aging-Medizin die Erklärung solcher Prozesse. Fettzellen rund um die inneren Organe wirken wie eine spezielle Drüse und produzieren ähnlich auch im Gehirn Eiweiße mit stark entzündungsfördernden Eigenschaften, Zytokine genannt.

Im Bewegungsapparat sind sie an Gelenksentzündungen beteiligt, was zur Folge hat, dass sich umgekehrt dort ein Gewichtsabbau doppelt günstig auswirken kann, nämlich auch durch eine Verminderung der Entzündungsaktivität. Langzeitstudien zeigen eindeutig, dass schlanke Hunde sowohl später als auch seltener unter entzündeten Gelenken leiden. Daraus werden auch günstige Effekte auf die Gehirngesundheit abgeleitet.

Anti-Alzheimer-Lebensmittel

Medien werden nicht müde, Nahrungsmittel anzupreisen, die kognitive Defizite beim Menschen verzögern oder vermeiden helfen. Nicht wenige Frauchen oder Herrchen orientieren sich daran, so weit es irgendwie geht, auch in Bezug auf ihren vierbeinigen Gefährten mit grauer werdender Schnauze.

Das sind die zehn am häufigsten genannten Top-Empfehlungen aus dem Supermarkt für das menschliche Gehirn:

• Blattgrüne Gemüse wie Spinat, Grünkohl und Broccoli, mit der Idee: hohe Versorgung mit den Vitaminen A und C;

• Nüsse, mit der Idee: hohe Versorgung mit gesunden Fetten und Fettsäuren, mit faserigen Ballaststoffen und Antixoidanzien;

• Blaubeeren, mit der Idee: hohe Versorgung mit Mineralstoffen und weiteren Mikronährstoffen, die vor allem in der schützenden Haut der Beeren konzentriert sind;

• Bohnen, mit der Idee: hohe Versorgung mit fettarmem, hochwertigem pflanzlichem Eiweiß;

• Wildlachs, mit der Idee: hohe Versorgung mit hochwertigen Omega3-Fettsäuren. Sie können Gehirngewebe vor Oxidation bewahren;

• Makrele und andere ölige Fische, mit der Idee: hohe Versorgung mit Omega3-Fettsäuren, Spurenelementen und Mineralstoffen;

• Geflügelfleisch ohne Haut, mit der Idee: hohe Versorgung mit hochwertigem Eiweiß, das mit Energie versorgt und Gehirnfunktionen fördert;

• Olivenöl, mit der Idee: hohe Versorgung mit einer ausgeglichenen Balance an Fettsäuren der beiden konträr wirkenden Gruppen Omega3 und Omega6. Normal wird die westliche Ernährung extrem stark von den entzündungsfördernden Omega6-Fettsäuren dominiert;

• Tomaten, mit der Idee: Dieses kalorienarme Nahrungsmittel, das zu 95 Prozent aus Wasser besteht, enthält hohe Mengen an dem Carotinoid Lycopin, sowie an den Vitaminen A, C und E. Erwähnenswert auch die Mineralien Kalium, Magnesium, Natrium für Nervenimpulse, Eisen und Calcium;

• Rotwein – hier müssen Hundefreunde passen, leider, denn die Traube schützt sich in aller Regel mit Antioxidanzien, die Gehirnzellen vor Schäden durch freie Sauerstoffradikale bewahren können.

Wenn es so etwas wie eine Anti-Alzheimer-Diät für Hunde gibt, dann wird in ihr ein Teil der notwendigen Fette durch hochwertige und konzentrierte Eiweiße ersetzt, weil sie innerhalb von Nervenzellen besondere Funktionen zu erfüllen haben. Die Versorgung mit Energie wird durch leicht verdauliche Kohlenhydrate gesichert. Mineralstoffe, Vitamine, Enzyme, Omega3-Fettsäuren und antioxidativ gegen aggressive Sauerstoffradikale wirkende Pflanzensubstanzen ergänzen die ideale Nahrung. Besonders die antientzündlichen Fettsäuren und die Radikalefänger können zur Sicherung der verbleibenden Gehirnfunktionen beitragen und die Lernfähigkeit eines alternden Hundes aufrechterhalten.

Der Tierarzt wird auf eigene Erfahrungen mit speziellen Kombipräparaten für Hunde mit kognitivem Dysfunktionssyndrom verweisen können

Von den meisten Hundebesitzern, die sich auch an wissenschaftlichen Quellen zur richtigen Ernährung ihres Gefährten orientieren, werden diese Inhaltsstoffe bevorzugt: Co-Enzym Q10, das Phospholipid Phosphatidylserin - ein wichtiger Zellbestandteil, Ginkgo biloba, die Aminosäure Acetyl-L-Carnitin, Alpha-Liponsäure, sowie die Antioxidanzien Carotinoide und Flavonoide. Auch die aus Energiedrinks bekannten Aminosäuren Taurin und Tryptophan, sowie N-Acetyl-Cystein haben in der Behandlung des alternden Gehirns eine gute Reputation. Die Dosis der einzelnen Aktivsubstanzen reicht von täglich einem halben Milligramm je Körpergewicht beim Co-Enzym Q10 bis zu fast 30 Milligramm beim Acetyl-L-Carnitin. Unter den zahlreichen Vitaminen stechen die antioxidativen Vitamine E und C hervor.

Die in aller Regel in Kombipräparaten enthaltenen Stoffe sind in der Europäischen Union zur Nahrungsergänzung zugelassen.

Die in genauen Rezepturen vereinten Mikronährstoffe werden mit normalem und hochwertigem Futter vermischt, wozu einerseits – gemahlen, beziehungsweise getrocknet - Weizen, Mais, Karotten, Spinat, Leinsamen, Zitrusfrüchte, Sojabohnen, Traubensubstanzen und Erbsen zählen, andrerseits gesunde Fette, Thunfisch, sowie eine Reihe von Elektrolyten zur Steigerung der Nervenfunktionen zählen.

Immer wieder wird in der wissenschaftlichen Literatur die mentale Anregung betont. Wer mit dem älteren Hund spaziert, sollte immer wieder kleine Umwege, überraschende Abzweigungen oder ganz andere Routen wählen.

Andrerseits braucht der Hund gerade jetzt verlässliche, wiederkehrende Rituale. Selbstverständlich dürfen sowohl sein Schlafplatz und seine Ruhestelle, als auch der Ort für den Wassernapf und das Futter nicht irritierend verändert werden. Auch seine Kuscheleinheiten sollten in ein ihm bekanntes Zeitschema passen. Dringender denn je braucht er ein Gefühl der Verlässlichkeit und Geborgenheit.

Es gibt Hoffnung

Unter allen Hiobsbotschaften zum Thema Alzheimer verstecken sich aber auch überraschend gute Nachrichten. Zum Beispiel: Wenn es gelingt, gehirnschädliche Faktoren zu erkennen und zu reduzieren, kann auch eine Wahrscheinlichkeit kognitiver Defizite auf breiter Form verringert werden. So informierte die unter amerikanischen Medizinern sehr angesehene Internetplattform „MedPage Today" am 22. November 2016 unter der Überschrift „Mehr Beweise eines Demenz-Rückgangs" über einen erstaunlichen Bevölkerungsvergleich aus den Jahren 2000 und 2012: Innerhalb von zwölf Jahren verringerte sich unter vergleichbaren Personengruppen das Auftreten von Demenz ab dem 50. Lebensjahr von elf auf acht Prozent. Die Studie hatte nicht zum Ziel, Ursachen zu ermitteln. Dennoch bekannten sich die Wissenschaftler zu einigen Vermutungen. Vermutet wurden zum Beispiel inzwischen optimierte Therapien von chronischen Vorerkrankungen wie Diabetes, Fettsucht und Herzleiden, die auch die Gehirngewebe schädigen können. Ebenso eine grundsätzlich bessere Gehirngesundheit, die sowohl durch eine richtige Ernährung wie auch durch eine Verringerung von Drogen, Alkohol, Nikotin und bestimmten Medikamenten erzielt werden kann. Erstaunlicherweise waren Testpersonen mit gewöhnlichem Übergewicht weitgehend von Demenz verschont, während starkes Untergewicht mit mangelndem Appetit zusammenhängen kann, weil Geschmacksnerven bereits unumkehrbar geschädigt sind. Das ist eine Vorstufe zur vollen Demenz.

Solche Meldungen machen auch in Bezug auf unsere vierbeinigen Gefährten Mut.

Auf den Punkt gebracht

Einen garantierten Schutz vor Hunde-Alzheimer gibt es nicht. Jedoch frühe mentale Stimulierung und spätestens ab dem siebenten oder achten Lebensjahr eine Umstellung des Futters auf Bedürfnisse des alternden Gehirns bewähren sich in aller Regel. Substanzen, die sich beim Menschen als Gehirn-Retter bewähren, stehen im Mittelpunkt. Geriatrische Hunde sollten regelmäßig gezielt auf Anzeichen eines kognitiven Dysfunktionssyndroms untersucht werden. Den Hauptkomplex bildet ein Orientierungsverlust.

Häufige kurze und variierende Spaziergänge, tägliches Streicheln, Massieren und Fellpflege bewahren dem Hund die Sensibilisierung gegenüber seinem Körper. Kein Hund ist wie der andere, deshalb sind Frauchen und Herrchen gefordert, aus eigenem Erleben die richtigen Schlüsse zu ziehen, um ein Fortschreiten der Erkrankung zu verhindern oder zu verlangsamen.

Eine Fülle von verzehrbaren Substanzen als Ergänzung der Nahrung wie Vitamin E sowie spezielle Antioxidantien wie Omega3-Fettsäuren sowie Carotinoiden und Flavonoiden sind besonders geeignet, die Bildung von aggressiven Sauerstoffradikalen zu unterdrücken. Auch Anleihen aus der Präventionsmedizin und der Anti-Aging-Medizin sind ratsam, um den durch die Alterung des Gehirns bedingten Verhaltensänderungen bei unseren vierbeinigen Gefährten entgegenzuwirken.

Die Veterinärmedizin hat sich ebenfalls darauf eingestellt, dass die Schnauzen ihrer Patienten immer grauer werden, und kann auf interessante Erfahrungen mit speziellen Medikamenten verweisen.

Empathie ist das Bindeglied zwischen uns Menschen und den weltweit rund 500 Millionen Hunden in unserem engen Umfeld. Wir sollten uns dessen bewusst sein, gerade wenn der Hund, biologisch begründet, sich Tag für Tag dem Vergessen nähert …